"十二五"职业教育国家规划教材
经全国职业教育教材审定委员会审定

修订版

Dreamweaver CC 网页设计案例教程

第 3 版

主　编　王春红　张维化

副主编　王瑾瑜　郭喜春

参　编　萨日娜　冉　明　色登丹巴

U0185986

机 械 工 业 出 版 社

本书是在"十二五"职业教育国家规划教材，经全国职业教育教材审定委员会审定的基础上修订而成的。

本书内容分为十二个模块：模块一初识网页与 Dreamweaver CC，模块二站点管理与网站制作，模块三网页制作的基本知识，模块四插入网页元素及超链接，模块五使用表格技术，模块六使用 Div+CSS 布局并美化网页，模块七使用表单，模块八使用行为制作特效网页，模块九使用 jQuery Mobile 技术，模块十使用模板和库，模块十一网站规划、建设、发布与维护。每个模块结合实用性很强的综合设计案例，读者可在书中制作流程的指导下逐步完成各案例的制作，从而能独立完成网页与网站的设计制作。

本书适合大中专院校网页设计与规划的教学，教师可根据自己的授课特点，灵活调整各模块的顺序，也可以作为网页设计初学者及希望提高网站设计实践操作能力的专业人士参考。

为了方便教学，本书提供各模块案例源代码及电子课件等教学资源。凡选用本书作为授课教材的教师均可登录机械工业出版社教育服务网 www.cmpedu.com 下载，或发送电子邮件至 cmpgaozhi@sina.com 索取。咨询电话：010-88379375。

图书在版编目（CIP）数据

Dreamweaver CC 网页设计案例教程/王春红，张维化主编. —3 版. —北京：机械工业出版社，2019.9（2024.1 重印）

"十二五"职业教育国家规划教材 经全国职业教育教材审定委员会审定：修订版

ISBN 978-7-111-63943-5

Ⅰ．①D… Ⅱ．①王… ②张… Ⅲ．①网页制作工具—职业教育—教材

Ⅳ．①TP393.092.2

中国版本图书馆 CIP 数据核字（2019）第 214766 号

机械工业出版社（北京市百万庄大街 22 号 邮政编码 100037）

策划编辑：赵志鹏 责任编辑：赵志鹏 徐梦然

责任校对：张 薇 封面设计：马精明

责任印制：邓 博

北京盛通数码印刷有限公司印刷

2024 年 1 月第 3 版第 4 次印刷

184mm×260mm·17 印张·399 千字

标准书号：ISBN 978-7-111-63943-5

定价：47.00 元

电话服务　　　　　　　　网络服务

客服电话：010-88361066　机 工 官 网：www.cmpbook.com

　　　　　010-88379833　机 工 官 博：weibo.com/cmp1952

　　　　　010-68326294　金 书 网：www.golden-book.com

封底无防伪标均为盗版　机工教育服务网：www.cmpedu.com

前　言

Dreamweaver CC 是 Adobe 公司推出的一套拥有可视化编辑界面，用于制作并编辑网站和移动应用程序的网页设计软件。它支持代码、拆分、设计、实时视图等多种方式来创建、编辑和修改网页（通常是标准通用标记语言下的一个应用 HTML）。对于网页设计初级人员，可以无须编写任何代码就能快速创建 Web 页面。

本书是在"十二五"职业教育国家规划教材，经全国职业教育教材审定委员会审定的基础上修订而成的。本书在兼顾国家职业技能鉴定标准的同时围绕网页设计的基本知识、如何制作简单网页、高级网页设计技能应用等核心内容组织编写。为了更好地学习并掌握网页设计的知识和技能，将学习的目标分解为相对独立的多个功能模块，并将模块分解为若干个任务，采用"模块化教学""任务驱动""学材小结""拓展练习"递进式教学模式，螺旋式地交替完成实践任务，提升技能水平、拓展知识面。

本书由王春红、张维化担任主编，在《Dreamweaver CS6 网页设计案例教程　第 2 版》的基础上延续了原来的主要内容，按 Dreamweaver CC 的操作重新进行了编辑整理，并根据 Dreamweaver CC 的变化增加了移动端开发页面的内容，删除了 Dreamweaver CC 已经舍弃的如框架和 APDIV 等内容，以期更适应当前网页编程的变化。具体编写分工为：王瑾瑜（呼和浩特职业学院）编写模块一、二，王春红（内蒙古财经大学）编写模块三、五，冉明（呼和浩特职业学院）编写模块四、七，张维化（内蒙古财经大学）编写模块六、九，色登丹巴（内蒙古民族高等专科学校）编写模块八、十，郭喜春（内蒙古师范大学）编写模块十一。张维化与王春红完成了本书微课的制作。萨日娜（内蒙古财经大学）参与了本书相关资料的收集与整理。包海山（内蒙古财经大学）担任本书主审，审阅全稿并对本书内容提出了修改意见和合理化建议。

在本书策划、编写和出版过程中，机械工业出版社给予了大力支持。本书参考和引用了许多著作和网站内容，除非确因无法查证出处的以外，我们在参考文献中都进行了列示。在此，我们一并表示衷心的感谢。

由于网页设计应用日新月异，新概念及新技术层出不穷，加之本系列教材旨在探索全新的教学模式和教材内容组织方法，加大了策划、编写难度，又因编者水平有限，在内容整合、项目的衔接性方面难免存在缺陷或不当之处，敬请读者批评指正，以便我们进行修订及补充，使本书日臻完善。

编　者

目　　录

模块一

初识网页与 Dreamweaver CC

欢迎学习Dreamweaver CC网页设计

本模块导读

　　WWW 服务是 Internet 上应用最广泛的服务，网页是 WWW 的基本组成，浏览器是用户查看网页的工具。

　　WWW 即 World Wide Web，也称为 Web 或 3W。WWW 的最大特点是使用了超文本（Hypertext）。超文本可以是网页上指定的词或短语，也可以是一个包含通向 Internet 资源的超级链接的其他网页元素。

　　WWW 采用 C/S（客户端/服务器）工作模式。在客户端，用户使用浏览器向 Web 服务器发出浏览请求；服务器接到请求后，调用相应的网页内容，向客户端浏览器返回所请求的信息。因此，一个完整的 Web 系统由服务器、网页以及客户端的浏览器组成。在浏览器与服务器之间应用 HTTP（HyperText Transfer Protocol，超文本传输协议）作为网络应用层通信协议。HTTP 用于保证超文本文档在主机间的正确传输、确定应传输的内容以及各元素传输的顺序（如文本先于图像传输）。

本模块要点

● 认识网页相关知识

● 认识 Dreamweaver CC

● 了解网页制作过程

任务一 网页的基础知识

子任务 1 什么是网页

网页实际是一个文件，它存放在世界某个角落的某一台计算机中，而这台计算机必须是与互联网相连的。网页经由网址（URL）来识别与存取，在浏览器输入网址后，经过一段复杂而又快速的程序，网页文件会被传送到用户的计算机，然后再通过浏览器解释网页的内容，最后展示给用户。

网页是构成网站的基本元素，是承载各种网站应用的平台。通俗地说，任何一个网站都是由或多或少的网页组成的。

以下是基本概念介绍：

1. 浏览器（Browser）

浏览器就是指在计算机上安装的，用来显示指定文件的程序。WWW 的原理就是通过网络客户端（Client）的浏览器去读指定的文件。同时，Internet 上还提供了远程登录（Telnet）、电子邮件（E-mail）、传输文件（FTP）、电子公告板（BBS）、网络论坛（Netnews）等多种交流方式。常用的浏览器有 Internet Explorer（简称 IE）等。

2. 超链接（Hyperlink）

超链接是 WWW 上的一种链接技巧，通过单击某个图标或某段文字，就可以自动连接相对应的其他文件，从一个网页跳转到另一个网页。

3. 网页（Web Page）

网页是网站中的一"页"，通常是 HTML 格式（文件扩展名主要有.html、.htm、.asp、.aspx、.php 和.jsp）。网页通常用图像档来提供图画。网页要通过网页浏览器来阅读。进入一个网站后看到的第一个页面称为主页（Home Page）。一般的主页名称为 index.htm（index.html）或 index.asp。

4. 网站

网站就是指在互联网（Internet）上，根据一定的规则，使用 HTML 等工具制作的用于展示特定内容的相关网页的集合。简单地说，网站是一种通信工具，就像布告栏一样，人们可以通过网站来发布自己想要公开的资讯（信息），或者利用网站来提供相关的网络服务。人们可以通过网页浏览器来访问网站，获取自己需要的资讯（信息）或者享受网络服务。

注意

在 Internet 上浏览时，看到的每一个页面，称为网页，很多网页组成一个网站。一个网站的第一个网页称为主页。主页是所有网页的索引页，通过单击主页上的超链接，可以打开其他的网页。正是由于主页在网站中的特殊作用，人们也常常用主页指代所有的网页，将个人网站称为"个人主页"，将建立个人网站、制作专题网站称为"网页制作"。

5．网址（URL）

URL 即统一资源定位符（Uniform Resource Locator），是 WWW 上的地址编码，指出了文件在 Internet 中的位置。它存在的目的在于统一 WWW 上的地址编码，给每一个网页一个用它的编码来制定的地址，这样就不会出现重复或由于编码不统一而出现无法浏览等问题了。当用户查询信息资源时，只需给出 URL 地址，则 WWW 服务器就可以根据它找到网络资源的位置，并将它传送给用户的计算机。当用户用鼠标单击网页中的链接点时，就将 URL 地址的请求传送给 WWW 服务器。换言之，URL 即某网页的链接地址，在浏览器的地址栏中输入 URL，即可看到该网页的内容。

一个完整的 URL 地址通常由通信协议名、Web 服务器地址、文件在服务器中的路径和文件名四部分组成。例如：http://sports.sohu.com/20090225/n262444755.shtml，其中 http://是通信协议名，sports.sohu.com 是 Web 服务器地址，/20090225/是文件在服务器中的路径，n262444755.shtml 是文件名。URL 地址中的路径只能是绝对路径。

信息卡

文件的路径名

1）绝对路径：绝对路径是写出全部路径，系统按照全部路径进行文件的查找。绝对路径中的盘符后用"\"或"/"，各个目录之间以及目录名与文件名之间，就用"/"进行分隔。

例 1：绝对路径为 http://wenwen.soso.com/z/q65871420.htm，它的含义为文件 q65871420.htm 在域名为 wenwen.soso.com 的服务器中的 z 的目录下。

例 2：绝对路径为"E:\LIAN\ZHANG\INDEX.html"，它的含义为文件 INDEX.html 存放在 E 盘的 LIAN 目录下的 ZHANG 子目录当中。

2）相对路径：相对路径是以当前文件所在路径和子目录为起始目录的，进行相对的文件查找通常要采用相对路径，这样可以保证文件移动后，不会产生断链现象。

例 1：相对路径为"INDEX.html"，表示文件 INDEX.html 在当前目录下。

例 2：相对路径为"DESIGN/INDEX.html"，表示文件 INDEX.html 在当前目录 DESIGN 下。

例 3：相对路径为"../ INDEX.html"，表示在当前目录的上一级目录下的文件 INDEX.html。

6．网页的分类

网页有多种分类，笼统意义上的分类是静态页面和动态页面。

静态页面多通过网站设计软件来进行重新设计和更改，相对比较滞后，现在通过网站管理系统，也可以生成静态页面——称这种静态页面为伪静态。

动态页面通过网页脚本与语言自动处理自动更新的页面，如各主题论坛，就是通过网站服务器运行程序，自动处理信息，按照流程更新网页。

7. 网站的分类

（1）展示型　主要以展示形象为主，艺术设计成分比较高，内容不多，多见于从事美术设计方面的工作室。

（2）内容型　该类站点以内容为重点，用内容吸引人。例如，普通的公司网站，用于发布公司产品、公司动态、招聘信息等。另外，还有一些从事信息服务性的站点，如文学站、下载站、新闻站等。一般该类站点的设计以简洁、大方为主，不需要太多花哨的东西转移读者的视线。

（3）电子商务型　该类型网站是以从事电子商务为主的站点，要求安全性高、稳定性高，比较考验网站中运行的程序。一般该类站点设计要简洁、大方，又要显得比较有人气，多用蓝色等表现信任感。

（4）门户型　该类站点类似内容型，但又不同于内容型，其站点上的内容特别丰富，也比较综合。一般内容型网站内容比较集中于某一专业或领域，也会体现自己的公司、工作室等小范围的内容，而门户型网站除了表现更为丰富的内容外，通常更加注重网站与用户之间的交流。例如，一般门户型网站也会提供信息的发布平台、与用户的交流平台等。

子任务 2　网页的基本元素

网站的基本元素是网页，一个个的网页构成了一个完整的网站。

网页也是可分的，构成网页的基本元素包括标题、网站标识、页眉、主体内容、页脚、功能区、导航区、广告栏等。这些元素在网页的位置安排，就是网页的整体布局。

1. 标题

每个网页的最顶端都有一条信息，这条信息往往出现在浏览器的标题栏，而非网页中，但是这条信息也是网页布局中的一部分。这条信息是对这个网页中主要内容的提示，即标题。

2. 网站标识

网站标识（Logo）是网站所有者对外宣传自身形象的工具。网站标识集中体现了这个网站的文化内涵和内容定位。可以说，网站标识是一个网站最为吸引人、最容易被人记住的标志。如果网站所有者已经导入了 CIS 系统，那么网站标识的设计就要符合 CIS 的设定。如果所有者没有导入 CIS，就要根据网站的文化内涵和内容定位设计网站标识。无论如何，网站标识的设计都要在网站制作初期进行，这样才能从网站的长远发展角度出发，设计出一个能够长时间使用的、最能代表该网站的标识。标识在网站中的位置都比较醒目，目的是要使其突出，容易被人识别与记忆。在二级网页中，页眉位置一般都留给网站标识。另外，网站标识往往被设计成为一种可以回到首页的超链接。

说明：CIS 简称 CI，全称 Corporate Identity System，译为企业识别系统，也称"企业形象统一战略"。

3．页眉

网页的上端即是这个页面的页眉。页眉并不是在所有的网页中都有，一些特殊的网页就没有明确划分出页眉。页眉在一个页面中往往有相当重要的位置，容易引起浏览者的注意，所以很多网站都会在页眉中设置宣传本网站的内容，如网站宗旨、网站标识等，也有一些网站将这个"黄金地段"作为广告位出租。

4．主体内容

主体内容是网页中的最重要的元素之一。主体内容并不完整，往往由下一级内容的标题、内容提要、内容摘编的超链接构成。主体内容借助超链接，可以利用一个页面，高度概括几个页面所表达的内容，而首页的主体内容甚至能在一个页面中高度概括整个网站的内容。

主体内容一般均由图片和文档构成，现在的一些网站的主体内容中还加入了视频、音频等多媒体文件。由于人们的阅读习惯是由上至下、由左至右，因此主体内容的内容分布也是按照这个规律，依照重要到不重要的顺序安排。在主体内容中，左上方的内容是最重要的。

5．页脚

网页的最底端部分称为页脚。页脚部分通常用来介绍网站所有者的具体信息和联络方式，如名称、地址、联系方式、版权信息等。其中一些内容设计成标题式的超链接，引导浏览者进一步了解详细的内容。

搜狐网站的页脚除上述内容外，还增加了导航内容，这种方式在首页内容过多的情况下很实用，好处是浏览者不必滑动滚动条，可直接选择栏目，易用性强。

6．功能区

功能区是网站主要功能的集中表现。一般位于网页的右上方或右侧边栏。功能区包括：电子邮件、信息发布、用户名注册、登录网站等内容。有些网站使用了IP定位功能，定位浏览者所在地，然后可在功能区显示当地的天气、新闻等个性化信息。

7．导航区

导航区的重要性与主体内容不相上下，甚至导航区的设计可以成为一种独立的设计。之所以说导航区重要，是因为其所在位置左右着整个网页布局的设计。导航区一般分为4种位置，分别是左侧、右侧、顶部和底部。一般网站使用的导航区都是单一的，但是也有一些网站为了使网页更便于浏览者操作，增加可访问性，而采用了多导航技术。但是无论采用几个导航区，网站中的每个页面的导航区位置均是固定的。

8．广告栏

广告栏是网站实现赢利或自我展示的区域。一般位于网页的页眉、右侧和底部。广告栏内容以文字、图像、Flash动画为主。通过吸引浏览者单击链接的方式达成广告效果。广告栏设置要明显、合理、引人注目，这对整个网站的布局很重要。

5

注意

在网页上单击鼠标右键，选择快捷菜单中的"查看源文件"，就可以通过记事本看到网页的实际内容。可以看到，网页实际上只是一个纯文本文件，它通过各式各样的标记对页面上的文字、图片、表格、声音等元素进行描述（如字体、颜色、大小），而浏览器则对这些标记进行解释并生成页面，于是就得到网页浏览者所看到的画面。为什么在源文件看不到任何图片？因为网页文件中存放的只是图片的链接位置，而图片文件与网页文件是互相独立存放的，甚至可以不在同一台计算机上。

子任务 3　网页中的专用术语

1．Banner（横幅广告）

横幅广告是互联网广告中最基本的广告形式之一。它是一个表现商家广告内容的图片，放置在广告商的页面上，尺寸是 480×60 像素，或 233×30 像素；一般是 GIF 格式的图像文件，也就是说，既可以使用静态图形，也可用多帧图像拼接为动画图像；除了 GIF 格式外，新兴的 Rich Media Banner（丰富媒体广告）能赋予 Banner 更强的表现力和交互内容，但需要用户使用的浏览器插件支持（Plug-in）。Banner 一般也可翻译为网幅广告、旗帜广告、横幅广告等。

2．Click（点击次数）

用户通过点击广告而访问广告主的网页，称点击一次。点击次数是评估广告效果的指标之一。

3．Cookie

Cookie 是计算机中记录用户在网络中行为的文件，网站可以通过 Cookie 来识别用户是否曾经访问过该网站。当浏览某些 Web 站点时，这些站点会在用户的硬盘上用很小的文本文件存储一些信息，这些文件就成为 Cookie。Cookie 中包含的信息与浏览者的兴趣爱好有关。

4．Database（数据库）

Database 技术通常是指利用现代计算机技术，将各类信息有序地进行分类整理，便于以后查找和管理。在网络营销中，指利用互联网收集用户信息，并存档、管理，如姓名、性别、年龄、地址、电话、兴趣爱好、消费行为等。

5．HTML（超文本标记语言）

HTML 是一种基于文本格式的页面描述语言，是网页通常的编辑语言。

6．HTTP

HTTP 是万维网上的一种传输格式，当浏览器的地址栏上显示"HTTP"时，就表明正在打开一个万维网页。

7．Key Word（关键字）

Key Word 是用户在搜索引擎中提交的文字，以便快速查询所需的内容。

8．Web Site（站点）

Web Site 即为互联网或者万维网上的一个网址。站点包含一些组成物，以及某一个特定的域名，是包含网页的地方。

任务二　认识 Dreamweaver CC

Dreamweaver CC 是 Adobe 公司推出的网页制作软件，用于对网站、网页和 Web 应用程序进行设计、编码和开发，广泛用于网页制作和网站管理。Dreamweaver CC 是一套针对专业网页设计师开发的视觉化网页开发工具，利用它可以轻而易举地制作出跨平台和跨浏览器的充满动感的网页。

子任务 1　启动与退出 Dreamweaver CC

1．启动 Dreamweaver CC

方法一：单击计算机桌面上的 Dreamweaver CC 快捷方式图标。

方法二：依次单击"开始"→"所有程序"→"Adobe"→Dreamweaver CC。

方法三：单击快速启动区中的 Dreamweaver CC 选项。

2．退出 Dreamweaver CC

方法一：单击标题栏右上角的关闭按钮。

方法二：单击标题栏左上角的标题，选择"关闭"命令。

方法三：依次单击菜单栏中的"文件"→"退出"命令。

子任务 2　Dreamweaver CC 的工作界面

Dreamweaver CC 的工作界面秉承了 Dreamweaver 系列产品一贯的简洁、高效和易用性，大多数功能都可以在工作界面中很方便地找到。它的工作界面主要由"文档"窗口、"文档"工具栏、菜单栏、插入栏、面板组等组成。

1．各种界面认识

1）启动界面：启动 Dreamweaver CC 后，系统弹出"启动界面"对话框，如图 1-1 所示，用户可根据需要进行"打开"或"新建"等操作。

图 1-1 Dreamweaver CC "启动界面" 对话框

2）设计视图：单击"设计"选项，系统弹出"设计视图"对话框，如图 1-2 所示，用户可以进行相关设计操作。

图 1-2 Dreamweaver CC "设计视图" 对话框

3）代码视图：单击"代码"选项，系统弹出"代码视图"对话框，如图 1-3 所示，用户可以在此对话框中输入代码。

图 1-3　Dreamweaver CC "代码视图" 对话框

2. 窗口中各组成部分介绍

1）标题栏：显示了软件的名称、网页标题和网页文件名称。

2）菜单栏：包括 10 组菜单，包含了网页编辑的大部分操作命令，如图 1-4 所示。

文件(F)　编辑(E)　查看(V)　插入(I)　工具(T)　查找(D)　站点(S)　窗口(W)　帮助(H)

图 1-4　菜单栏

➢ 文件：管理文件，包括"创建""保存""导入""导出""实时预览"和"打印文件"等操作。

➢ 编辑：编辑文件，包括"撤销（U）编辑源""重做""拷贝""粘贴""表格""图像""首选项"和"快捷键"等操作。

➢ 查看：查看对象，包括"代码""拆分""查看模式""切换视图"和"代码试图选项"等操作。

➢ 插入：插入网页元素，包括"Div""Image""段落""标题""Table""项目列表""编号列表""列表项""表单"和"模版"等操作。

➢ 工具：修改网页元素，包括"编辑""标签库""清理 HTML""拼写检查""管理字体""库""模板""HTML"和"CSS"等操作。

➢ 查找：修改文本，包括"在当前文档中查找""在文件中查找和替换""在当前文档中替换""查找下一个""查找上一个""查找全部并选择"等操作。

➢ 站点：管理站点，包括"新建站点""管理站点""获取""取出""上传"和"站点选项"等操作。

➢ 窗口：打开与切换面板和窗口，包括"隐藏面板""工具栏""工作区布局"和"CSS设计器"等操作。

➢ 帮助：Dreamweaver 联机帮助，包括"Dreamweaver 教程""快速教程""Dreamweaver

帮助"和"Adobe 在线论坛"等操作。

3）插入栏：有以下两种使用方法。

方法一：单击菜单栏"插入"项，选择要插入的对象，如图 1-5 所示。

方法二：依次单击"窗口"→"插入"，选中"插入"菜单项（前有勾选标记√），如

""所示，此时在当前设计窗口右侧出现标签型插入栏，如图

1-6 所示。

图 1-5　菜单插入栏　　　　　　　　图 1-6　标签型插入栏

插入栏中包括创建和插入对象的选项，分别是：Div、Image、段落、标题、Table、Figure、项目列表、编号列表、列表项、Hyperlink、Header、Navigation、Main、Aside、Article、Section、Footer、HTML、表单、Bootstrap 组件、jQuery Mobile、jQuery UI、自定义收藏夹、模版、最近的代码片断。

插入栏大体为三部分：常用的 html 常用元素，语义化区块标签和其他功能。

➢ Div：Div 本身只是一个区域标签，不能定位与布局，真正定位的是 CSS 代码。

➢ Image：使用图像能美化网页，比文字更直观、清楚。

➢ 段落：标记了一个文字段落，文档中最基本的单位。内容相对完整。

➢ 标题：在文档中插入标题，用简短语句标明文档内容。

➢ Table：表格是一种可视化交流模式，又可组织整理数据。表格可以控制网页的整体

布局和局部排版，还可以与层相互转换，是网页设计者必须要熟练掌握的技术。

➢ Figure：用于标记文档中的图片。

➢ 项目列表：使用特殊符号标记有条目的列表。

➢ 编号列表：使用数字符号标记有条目的列表。

➢ 列表项：装载着文字或图表的一种形式。

➢ Hyperlink：超级链接是 Web 中最普遍的一种应用，通过超链接还可以获得不同形态的服务。

➢ Article：定义独立的章节内容，如论坛帖子、博客文章、新闻故事、评论等。

➢ Section：定义了文档的某个区域，如章节、头部、底部或者文档的其他区域。

➢ Nav：为导航链接开辟的一个区域。

➢ Aside：可用作文档的侧栏。

➢ Header：定义文档或者文档的一部分区域的页眉。

➢ Footer：定义文档或者文档的一部分区域的页脚。

➢ HTML：包括常用的标签。

➢ 表单：包括表单常用的标签。

➢ Bootstrap 组件：简洁、直观、强大的前端开发框架，让 Web 开发更迅速、简单。

➢ jQuery Mobile：是一个基于 jQuery 的用户界面框架，兼容移动电话、平板计算机和电子阅读器的一些组件。

➢ jQuery UI：基于 jQuery 的插件，具有一些常用的界面元素。

4）工具栏：Dreamweaver CC 横向工具栏中的 3 个按钮可以用来切换视图模式，如图 1-7 所示。Dreamweaver CC 竖向工具栏如图 1-8 所示。各按钮功能说明如下。

图 1-7　横向工具栏　　　　　　图 1-8　竖向工具栏

➢ 代码：显示 HTML 源代码视图。

➢ 拆分：同时显示 HTML 源代码和"设计"视图。

➢ 设计：默认设置，只显示"设计"视图。

➢ 实时视图：在代码视图中显示实时视图源。单击"实时代码"按钮时，也会同时选中"实时视图"按钮。

➤ 打开文档：用于快速切换已打开的文档。

➤ 文件管理：用于快速执行"获取""取出""上传"和"存回"等文件管理命令。

➤ 实时代码：用于快速找到编辑文档所在的代码。

➤ 应用注释：为代码快速添加不同类型的注释。

➤ 删除注释：用于快速删除注释。

➤ 折叠整个标签：用于将该标签内的代码隐藏起来。

➤ 扩展全部：用于将隐藏的代码显现。

➤ 缩进代码，凸出代码：用于格式化代码。

5）状态栏：在状态栏中所显示的是当前编辑的文档信息，分别是标签选择器、缩放工具、缩放比例、窗口大小、文件大小和下载时间等，如图 1-9 所示。

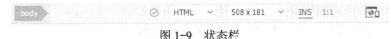

图 1-9　状态栏

➤ 标签选择器 ：显示选定内容的标签结构，可以选择结构的标签和内容。

➤ 无错误 ：文档没有错误。

➤ ：选择不同的编译语言。

➤ 窗口大小 508 x 181 ：将文档窗口设置至预定义尺寸。

➤ INS ：INS 是插入模式，即此处插入新指令。OVR 是覆盖模式，即此处插入指令，会覆盖之前的指令。

➤ 光标位置， 8:7 ：显示光标在代码区的第几行第几列。

6）属性面板：主要包括格式、ID、类、链接、加粗、斜体、项目列表、编号列表、删除内缩区块、内缩区块、标题、目标、页面属性、列表项目等，如图 1-10 所示。主要项目功能说明如下。

图 1-10　属性面板

➤ 格式：可以控制标题和段落的字体、字号。

➤ ID：ID 标签选择符，可以对网页中的标签定义样式。

➤ 类：用 CSS（层叠样式表）可以定义基本字体、类型设置。

子任务 3　应用 Dreamweaver CC 制作简单网页

下面通过一个简单网页的制作过程，让读者了解通过 Dreamweaver CC 进行新建网页、保存网页、预览网页的基本操作。

实例　建立 myfirst.html 网页，正文内容为"欢迎学习 Dreamweaver CC 网页设计"，标题为"我的第一个网页"。

步骤

步骤 1 启动 Dreamweaver CC，单击"新建 HTML"按钮，如图 1-11 所示。

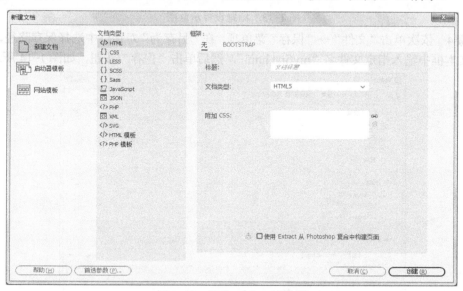

图 1-11 新建 HTML 示意图

步骤 2 在 Dreamweaver CC 设计视图中，输入正文内容"欢迎学习 Dreamweaver CC 网页设计"，如图 1-12 所示。

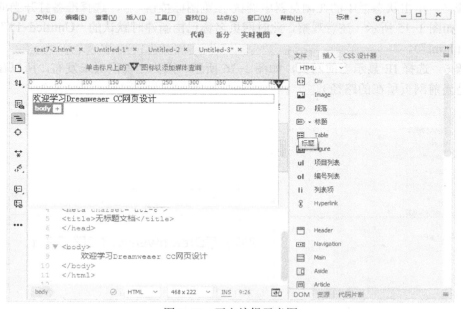

图 1-12 正文编辑示意图

步骤 3 在"属性"窗口的文本标题中输入标题"我的第一个网页"，如图 1-13 所示。

图 1-13　标题设置示意图

步骤 4　依次单击"文件"→"保存"菜单项，在"另存为"对话框中选择保存路径，在"文件名"文本框中输入指定文件名"myfirst.html"，然后单击"保存"按钮，如图 1-14 所示。

图 1-14　保存网页示意图

步骤 5　单击状态栏中的在浏览器中调试/预览图标按钮 ，选择准备打开当前网页的浏览器，如图 1-15 所示（注意观察，此时网页名称已由新建时默认的"Untitled-1*"修改为"myfirst.html"）。

步骤 6　选择 IE 显示当前网页，如图 1-16 所示（因为当前网页未发布，所以在地址栏显示的是当前网页所在的路径）。

图 1-15　选择浏览器预览网页示意图

图 1-16　网页预览示意图

学 材 小 结

知识导读

　　本模块主要介绍网页的相关概念，以及网页设计的基本知识，让读者了解网页制作的基本流程以及认识网页设计工具 Dreamweaver CC 的新功能与工作界面。

理论知识

　　1）网页是网站中的一"页"，通常是_____格式。

　　2）主页是指进入网站后看到的_____页面。

　　3）URL 的中文名称为_____，是 WWW 上的地址编码，指出了文件在_____中的位置。

　　4）一个完整的 URL 地址通常由_____、_____、文件在服务器中的路径和文件名四部分组成。

　　5）网页从笼统意义上分为_____和_____网页。

　　6）构成网页的基本元素包括标题、_____、_____、_____、主体内容、_____、导航区、广告栏等。

实训任务

　　实训一　打开新浪网（www.sina.com.cn）
　　【实训目的】
　　认识网页。
　　【实训内容】
　　1）认识网页。
　　2）了解网页地址。
　　3）认识网页中的各元素。
　　4）认识网页的基本结构。
　　实训二　在本机上完成实例 1-1
　　【实训目的】
　　了解网页的新建、保存、预览操作。
　　【实训内容】
　　1）新建网页。
　　2）设置标题和正文。
　　3）保存网页。
　　4）预览网页。

模块二

站点管理与网站制作

本模块导读

　　网页是网站中的一"页",通常是 HTML 格式(文件扩展名通常为.html、.htm、.asp、.aspx、.php 和.jsp 等)。网页通常用图像档来提供图画。网页是构成网站的基本元素,是承载各种网站应用的平台。对网页的基本操作包括网页的新建、打开、保存、另存为等。通过以上操作,用户可以完善、补充自己设计的网站内容。

　　Dreamweaver 提供了几种可视化向导来帮助用户设计文档并大致估计其在浏览器中的效果。例如,使用标尺为定位和调整层或表格的大小提供一个可视的信息;使用跟踪图像作为页面背景以帮助用户复现一个设计;使用网格能够精确定位层和调整层大小,而且当靠齐选项启动后,移动或调整过大小的层将自动向最近网格点靠齐。(其他对象如图像和段落不会向网格靠齐。)无论网格是否可见,靠齐均有效。

　　站点,通俗地讲,就是一个文件夹,用来存放用户设计网页时用到的所有文件和文件夹,包括主页、子页,以及用到的图片、声音、视频等。规划创建和管理站点就是为了更好地管理在设计网站时用到的文件。

本模块要点

● 　规划和创建站点

● 　网页制作介绍

● 　使用可视化向导

● 　网页制作技巧

任务一　创建和管理站点

站点由若干个网页组成，分为远程站点和本地站点。远程站点就是用户在 Internet 上访问的各种站点，站点文件都存储在 Internet 服务器上。由于直接建立维护远程站点有很多困难，因此通常在本地计算机上先完成网站的建设，形成本地站点，再上传到 Internet 服务器上。这种在本地磁盘上建立的网站就称为本地站点。

子任务 1　站 点 规 划

合理的站点结构能够加快对站点的设计，提高工作效率。如果将所有的网页都存储在同一个目录下，当站点的目录越来越大、文档越来越多时，管理起来就会增加很多困难。因此，对站点进行规划是一个很重要的准备工作。

1．确定站点目标

创建站点前必须要明确所创建站点的目标。目标确定后，再整理思路，将其编辑成文档，作为创建站点的大纲。

2．组织站点结构

设置站点的常规做法是在本地磁盘创建一个包含站点所有文件的文件夹，然后在这个文件夹中创建多个子文件夹，将所有文件分门别类地存储到相应的文件夹下，根据需要还可以创建多级子文件夹。准备好发布站点并允许公众查看此站点后，再将这些文件复制到 Web 服务器上。

建立站点目录结构时，尽量遵循以下原则：

1）不要将所有文件都存放到根目录下，这样会造成文件管理混乱、上传速度变慢等不利影响。

2）按栏目的内容建立下级子目录。下级子目录的建立，首先应按主菜单栏的栏目建立。

3）在每个主目录下都单独建立相应的 Images 目录。

4）目录名称不要过于复杂，一般情况下目录层数不超过 3 层。

➢　不要使用中文目录名。

➢　不要使用过长的目录名。

➢　尽量使用意义明确的目录名，以便于记忆和管理。应使用简单的英文或者汉语拼音及其缩写形式作为目录名。

3．确定站点的栏目和版块

站点的栏目和版块体现了站点的整体风格，也就是网站的外观，包括网站栏目和版块、网站的目录结构和链接结构、网站的整体风格和设计创意等。

现在的网站按照其界面和内容基本可分为两种：

1）信息格式。该类网站的界面以文字信息为主，页面的布局整齐规范、简洁明快。站点中的每个页面都会有一个导航系统，顶部区域使用一些比较有特色的标志，顶部中间是一些广告横幅，其他部分则按类别放置了许多超链接。这种站点对图像、动画等多媒体信息选用不多，一般仅用于广告或宣传。

2）画廊格式。该类站点的典型代表是个人网站或公司网站，表现形式上主要以图像、动画和多媒体信息为主，通过各种信息手段表现个人特色或宣扬公司理念。这类站点布局或时尚新颖，或严谨简约，比较注重企业或个人形象与文化特征。

信息卡

网站的链接结构：指页面之间相互链接的拓扑结构。它建立在目录结构的基础之上，但可以跨越目录。每个页面都是一个固定点，链接则是在两个固定点之间的连线。一个点可以和一个点链接，也可以和多个点链接。建立网站的链接结构一般有以下两种基本方式。

1）树状链接结构。首页链接指向一级页面，一级页面链接指向二级页面。浏览时需要一级一级进入、一级一级退出。

2）星状链接结构。每个页面相互之间都建立有链接。这种链接结构的优点是浏览方便，随时可以到达目的地；缺点是链接太多，容易使浏览者"迷路"，搞不清自己在什么位置。

在实际的网站设计中，一般是将这两种结构结合起来使用。

4．分析访问对象

Internet 的访问者可能来自不同地域、使用不同的浏览器、以不同的链接速度访问站点，这些因素都会直接影响用户对站点的点击率。制作者必须从访问者的角度出发制作站点。

制作者可以参考以下 3 种方法，制作能满足更多用户需求的站点。

1）考虑可能会对站点感兴趣的用户，在这些用户中搜集访问站点的目的，然后从用户的角度出发，考虑他们对站点有哪些要求，从而将制作的站点最大限度地与用户的愿望统一，争取更接近或达到建立站点的目的。

2）先将所创建的站点发布，在站点中设立反馈信息页，从用户那里得到实际的信息，然后再对站点进行改进。

3）对亲友、同学或社会其他人员做一些调查，了解他们对什么形式的站点感兴趣。

子任务 2　创建站点

Dreamweaver 站点是网站中使用的所有文件和资源的集合。Dreamweaver 站点通常包含两个部分：可在其中存储和处理文件的计算机上的本地文件夹，以及可在其中将相同文件发布到 Web 服务器上的远程文件夹。

实例　在 C 盘根目录下新建一个名为"DM 站点"的本地站点文件夹，站点名称为"我的站点"。

步骤

步骤 1　在 C 盘根目录下新建一个名为"DM 站点"的本地站点文件夹。

步骤2 启动 Dreamweaver CC，依次单击"站点"→"新建站点"，在弹出的对话框中的"站点名称"文本框中输入"我的站点"；单击"本地站点文件夹"后的浏览文件夹图标按钮 ，在弹出的选择根文件夹对话框中选择 C 盘根目录下的"DM 站点"文件夹，单击"选择"按钮返回"站点设置对象 我的站点"对话框，如图 2-1 所示，单击"保存"按钮。

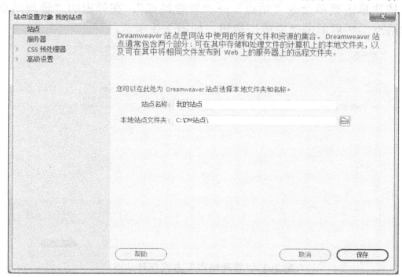

图 2-1 "站点设置对象 我的站点"对话框

步骤3 此时，Dreamweaver 窗口右侧显示站点面板，如图 2-2 所示。

图 2-2 建好的站点示意图

注意

站点的新建也可通过单击菜单命令"站点"→"管理站点"，在弹出的窗口中单击"新建站点"命令来实现。

子任务 3　管理站点

1. 打开站点

方法一：依次单击菜单命令"站点"→"管理站点"，在弹出的"管理站点"对话框中选择要打开的站点，然后单击"完成"按钮，如图 2-3 所示。

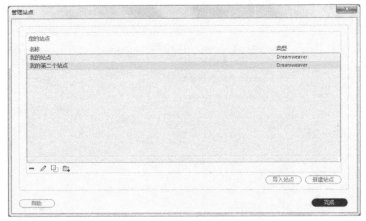

图 2-3　"管理站点"方式打开站点

方法二：在"文件"对话框中选择已创建的某个站点，也可将其打开，如图 2-4 所示。

2. 编辑站点

方法一：在"管理站点"对话框中选中要编辑的站点，然后单击"编辑" 按钮，如图 2-5 所示。

方法二：在"文件"对话框中选择站点列表中的"管理站点"选项，如图 2-6 所示。

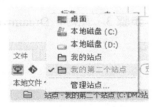

图 2-4　"文件"方式打开站点

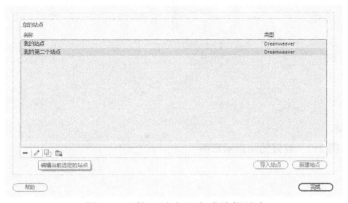

图 2-5　"管理站点"方式编辑站点

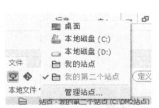

图 2-6　"文件"方式编辑站点

3. 复制站点

首先在"管理站点"对话框中选中要复制的站点，如选择"我的站点"，如图 2-7 所示，然后单击"复制" 按钮，在站点列表增加了一个新的站点"我的站点 复制"，表示这个站点是"我的站点"的副本，如图 2-8 所示，最后单击"完成"按钮。单击复制产生的站点，可以对其进行编辑操作，如改变站名、改变存储位置等。

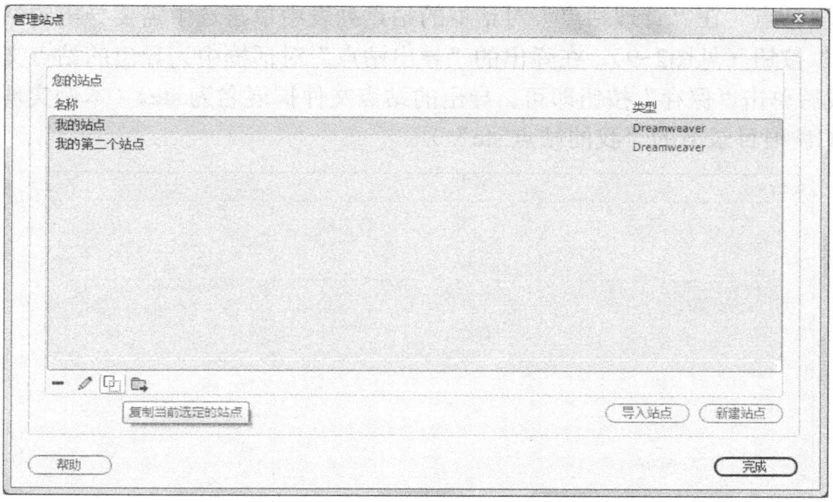

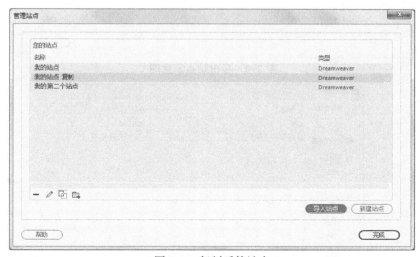

图 2-7　复制站点

图 2-8　复制后的站点

4．删除站点

在"管理站点"对话框中单击选中要删除的站点名称，然后单击"删除" ━ 按钮，在弹出的对话框中单击"是"按钮确认删除，而单击"否"按钮则取消删除。

注意

> 删除站点操作仅是从站点管理中删除，而文件还保留在硬盘的原来位置上，并没有被删除。

5．导入和导出站点

在 Dreamweaver CC 中，可以将现有的站点导出为一个站点文件，也可以将站点文件导入为一个站点。导入、导出的作用在于保存和恢复站点和本地文件的链接关系。

（1）导出站点　在"管理站点"对话框的站点列表中单击选中需要导出的站点，然后单击"导出" 按钮（见图2-9），在弹出的"导出站点"对话框中为导出的站点文件命名（见图2-10），最后单击"保存"按钮即可。导出的站点文件扩展名为.ste。（本例实现将"我的站点"导出至C盘根目录下的"我的站点.ste"。）

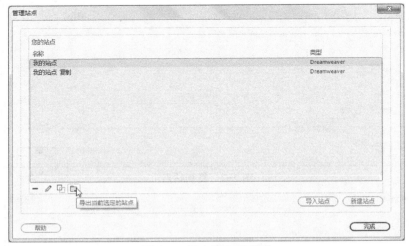

图 2-9　导出站点示意图

图 2-10　导出站点命名示意图

（2）导入站点　在"管理站点"对话框中，单击"导入站点" 导入站点 按钮，在弹出的"导入站点"对话框中选择需要导入的站点文件，然后单击"打开"按钮，站点文件将导入到站点。

 注意

导入站点的站点名称并不是站点文件的名称。

任务二　了解网页制作的基本流程

子任务 1　网页制作流程

1．确定目标

主要确定自己的目的网站是什么样的，如网站的主色调、网站的颜色搭配、网站的内容排列等。对于新手来说，可以参考别人的作品，然后学习如何设计。好的策划是成功的重要基础。

2．设计图样

设计图样的主要目的是要把网页中用到的图片用 Photoshop 或 Firework 画出来，这一步非常重要。对于希望从事网页美工的读者来说，Photoshop 或 Firework 是必须要熟练掌握的工具。在有些情况下，需要将图片切割成若干个小图片，这项工作也需要用到 Photoshop 或 Firework。

3．制作网页

本书使用 Dreamweaver 制作网页。简单地说，网页实际上就是表格+图片+Flash。

子任务 2　网站制作流程

对于静态网站，掌握网页制作流程即可。如果是动态网站，那么需要额外掌握以下内容。

1．整体规划

1）选择动态程序语言，如 ASP、PHP、JSP、.NET 等。一般的小型网站通常使用 ASP+ACC 数据库形式来制作，.NET 是新兴的一种语言，是 ASP 的升级版本。

2）要做好网站栏目功能规划，即确定栏目和要实现的功能等。

3）最后是根目录的策划，即安排好网站中用到的所有文件的存储目录。

2．数据库规划

确定所用的数据库及其组成。

3．编写网站后台

编写控制数据的代码，以实现其动态效果。

4．编写网站前台

通过代码把动态数据显示到前面已经设计好的网页中。

5．测试和修改

对做好的网站进行测试，如发现问题再进行修改。

6．发布

可以把自己的计算机配置成服务器，只需配置 IIS 即可发布；也可以考虑购买虚拟空间和域名，或选择免费空间和免费域名进行发布。前者可作为自我展示使用，后者可在 Internet 上展示。

任务三　网站设计的基础知识

网站是指在 Internet 上，根据一定的规则，使用 HTML 等工具制作的用于展示特定内容的相关网页的集合。简单地说，网站是一种通信工具，就像公告栏一样，人们可以通过网站来发布自己想要公开的信息，或者利用网站来提供相关的网络服务。用户可以通过网页浏览器来访问网站，获取自己需要的资料或者享受网络服务。

子任务 1　网站设计的基本原则

1. 明确建立网站的目标和用户需求

Web 站点的设计是展现自我形象的重要途径，因此必须明确设计站点的目的和用户需求，从而做出切实可行的设计计划。应根据使用者的需求进行分析，以"使用者"为中心，而不是以"美术"为中心进行设计规划。

在设计规划时应考虑：

1）建设网站的目的是什么？

2）为谁提供服务？

3）网站的目标消费者和受众的特点是什么？

2. 网页设计总体方案主题鲜明

在目标明确的基础上，完成网站的构思创意即总体设计方案。对网站的整体风格和特色做出定位，规划网站的组织结构。

Web 站点应针对所服务对象（机构或人）的不同而具有不同的形式。有些站点只提供简洁的文本信息；有些则采用多媒体表现手法，提供华丽的图像、闪烁的灯光、复杂的页面布置，甚至可以下载声音和录像片段。有些 Web 站点把图形表现手法和有效的组织与通信结合起来。

为了做到主题鲜明突出，要点明确，应按照客户的要求，以简单明确的语言和画面体现站点的主题；调动一切手段充分表现网站的个性和情趣，办出网站的特色。

Web 站点主页应具备：页头，准确无误地标识你的站点和企业标志；E-mail 地址，用来接收用户咨询；联系信息，如普通邮件地址或电话；版权信息，声明版权所有者等。

充分利用已有信息，如客户手册、公共关系文档、技术手册和数据库等。

子任务 2　网页的布局

在设计页面版式时应该注意以下两点：一是应以目标为准，最大限度地体现网站的功能；二是应形象简明、易于接受。设计页面时应当始终为目标用户着想，网页中的任何信息都应该是为用户服务，因此要确保网页中的信息能够被用户接受。

总之，设计网页布局时，以简单、和谐为主要追求目标。

常见的网页布局形式有以下 3 种：

1．"T"形布局

所谓"T"形结构就是指页面顶部为横条网站标识与广告条，下方左面为主菜单，右面显示内容的布局。因为菜单条背景颜色较深，整体效果类似英文字母"T"，所以称为"T"形布局。这是网页设计中广泛使用的一种布局方式。

2．"口"字形布局

这是一种象形的说法，就是页面的上下各有一个广告条，左侧是主菜单，右侧放置友情链接等内容，中间是主要内容。也有将四边空出，只用中间的窗口型设计的情况。

这种布局的优点是充分利用版面，信息量大；其缺点是页面拥挤，不够灵活。

3．POP 布局

POP 引自广告术语，就是指页面布局像一张宣传海报，以一张精美图片作为页面的设计中心。常用于时尚类站点。

其优点是漂亮且吸引人的关注，缺点是加载速度慢。

子任务 3 网站的配色

无论是平面设计，还是网页设计，色彩永远是最重要的一环。当人们距离显示屏较远时，看到的不是优美的版式或者是美丽的图片，而是网页的色彩。

1．标准颜色

标准颜色是指能够体现网站形象和延伸内涵的颜色，主要用在网站的标识、主菜单上，给用户一种整体统一的感觉。标准颜色一般不宜超过三种。常用的标准颜色有：蓝/绿色、黄/橙色、黑/灰/白三大系列色。

2．其他颜色

标准颜色定下来以后，其他的颜色也可以使用，但只能作为点缀和衬托，绝不能"喧宾夺主"。选择颜色要和网页的内涵相关联，让人产生联想，如蓝色联想到天空、黑色联想到黑夜、红色联想到喜庆等。

3．网页色彩搭配原理

1）鲜明性。

2）独特性。

3）合适性。

4）联想性。

4．色彩搭配的技巧

1）用一种色彩。这里是指先选定一种色彩，然后调整透明度或饱和度，这样的页面看起来色彩统一，有层次感。

2）用两种色彩。先选定一种色彩，然后选择它的对比色。

3）用一个色系。简单地说，就是用一个感觉的色彩，如淡蓝、淡黄、淡绿，或者土黄、土灰、土蓝。确定色彩的方法因人而异，如在 Photoshop 中单击前景色方框，在弹出的"混色器"对话框中选择"自定义"，然后在"色库"中选择即可。

4）用黑色和一种彩色。例如，大红的字体配黑色的边框，感觉很鲜明。

5．避免配色中的误区

1）不要将所有颜色都用到，尽量控制在 3～5 种色彩。

2）背景和前文的对比尽量要大（绝对不要用花纹繁复的图案作为背景），以便突出主要文字内容。

 注意

专业研究机构的研究表明：对彩色的记忆效果优于黑白。在一般情况下，彩色页面比完全黑白页面更加吸引人。通常的做法是：主要内容用非彩色（黑色），边框、背景、图片用彩色。这样页面整体不单调，看主要内容时也不会眼花缭乱。对色彩的心理感觉分析为：红色是一种使人激奋的色彩，使人产生冲动、热情、活力的感觉；绿色介于冷色与暖色之间，给人和睦、宁静、健康、安全的感觉；黄色充满快乐和希望，它的亮度最高；蓝色是凉爽、清新、专业的色彩；白色给人明快、纯真、清洁的感觉；黑色给人深沉、神秘、寂静的感觉；灰色是一种平庸、平凡、温和、谦让、中立和高雅的颜色。

任务四 使用可视化向导

子任务 1 使用"标尺"和"网格"

1．设置标尺

标尺可帮助用户测量、组织和规划布局。标尺可以显示在页面的左边框和上边框中，以像素、英寸或厘米为单位来标记。

1）标尺的显示和隐藏状态切换："查看"→"设计视图选项"→"标尺"→"显示"。

2）原点更改：将标尺原点图标（在"文档"窗口的"设计"视图左上角）拖到页面上的任意位置。

3）将原点重设到默认位置，依次选择"查看"→"设计视图选项"→"标尺"→"重设原点"。

4）度量单位的更改，依次选择"查看"→"设计视图选项"→"标尺"→"像素"。

2．使用布局网格

网格是在"文档"窗口中显示的一系列水平线和垂直线。它对于精确地放置对象很有用。

通过网格可以让经过绝对定位的页元素在移动时自动靠齐网格，还可以通过指定网格设置更改网格或控制靠齐行为。无论网格是否可见，都可以使用靠齐。

1）显示或隐藏网络："查看"→"设计视图选项"→"网格设置"→"显示网格"。

2）启用或禁用靠齐："查看"→"设计视图选项"→"网格设置"→"靠齐到网格"。

3）更改网格设置："查看"→"设计视图选项"→"网格"→"网格设置"，在弹出的"网格设置"对话框中进行相应的设置，如图 2-11 所示。

图 2-11 "网格设置"对话框

- ➢ 颜色：指定网格线的颜色。可单击色样表并从颜色选择器中选择一种颜色，或者在文本框中输入一个代表不同颜色的十六进制数。
- ➢ 显示网格：使网格在"设计"视图中可见。
- ➢ 靠齐到网格：使页面元素靠齐到网格线。
- ➢ 间隔：控制网格线的间距。输入一个数字并从其后的下拉列表中选择"像素""英寸"或"厘米"。
- ➢ 显示：指定网格线是显示为线条还是点。

如果未选中"显示网格"复选框，那么将不会在文档中显示网格，并且看不到更改。

子任务 2 使用"跟踪图像"

"跟踪图像"是Dreamweaver一个非常有效的功能，它允许用户在网页中将原来的平面设计稿作为辅助的背景。这样用户就可以非常方便地定位文字、图像、表格、层等网页元素在该页面中的位置。

跟踪图像的具体使用：首先使用各种绘图软件做出一个想象中的网页排版格局图，然后将此图保存为网络图像格式（包括 GIF、JPG、JPEG 和 PNG）。在 Dreamweaver 中将刚创建的网页排版格局图设为跟踪图像，再在图像透明度中设定跟踪图像的透明度。这样就可以在当前网页中方便地定位各个网页元素的位置了。

使用了跟踪图像的网页在用 Dreamweaver 编辑时不会再显示背景图案，但当使用浏览器浏览时正好相反，跟踪图像不见了，所见的就是经过编辑的网页（包括背景图案或颜色）。

1．将跟踪图像放在文档窗口中

依次单击"文件"→"页面属性"，在弹出的"页面属性"对话框中选择跟踪图像，如图 2-12 所示。

单击"浏览"按钮后进入"选择图像源文件"对话框，如图 2-13 所示，最后单击"确定"按钮。

图 2-12 "页面属性"对话框

图 2-13 "选择图像源文件"对话框

2. 跟踪图像相关设置

1）显示或隐藏跟踪图像："查看"→"设计视图选项"→"跟踪图像"→"显示"。

2）更改跟踪图像的位置："查看"→"设计视图选项"→"跟踪图像"→"调整位置"。使用方向键定位图标或在指定位置输入坐标。

 注意

逐个像素地移动图像时，使用箭头键；一次 5 个像素地移动图像时，按<Shift>+箭头键。

3）重设跟踪图像的位置：依次单击"查看"→"设计视图选项"→"跟踪图像"→"重设位置"，此时跟踪图像随即返回到"文档"窗口的左上角（0，0）。

4）将跟踪图像与所选元素对齐：在"文档"窗口中选择一个元素（文字或图片等均可），依次单击"查看"→"设计视图选项"→"跟踪图像"→"对齐所选范围"，此时跟踪图像的左上角与所选元素的左上角对齐。

学 材 小 结

 知识导读

本模块主要介绍了网页的基本操作，如新建、打开、保存、另存为等；可视化向导的作用及操作；如何规划和创建站点并对站点进行管理。

 **理论知识**

1）什么是本地站点？

2）站点的规划从哪几个方面着手进行？

 **实训任务**

实训一　创建个人网站的本地站点

【实训目的】

掌握站点的规划创建过程。

已准备的素材有：文档资料、视频文件、图片（背景图片、个人图片、好友图片等）、声音文件（喜欢的歌曲、英语听力练习等）。

【实训内容】

1）创建站点文件夹。

2）规划站点内各子文件夹。

实训二　设计一个网页布局的图片并设为跟踪图像

【实训目的】

设计规划网页布局。

根据布局实现网页设计。

【实训内容】

1）设计网页布局图片。

2）将网页布局图片设为跟踪图像。

3）按照跟踪图像所示实现网页设计。

实训三　创建个人网站的主页

【实训目的】

掌握网页的创建、保存、打开操作。

【实训内容】

1）新建一个网页，在网页上添加一行文字："这是***的个人主页"。

2）将该网页文件命名为 index.html。

3）试着练习"使用可视化向导"中的各项内容。

模块三

网页制作的基础知识

本模块导读

　　从前面的学习可知，网页是一个 HTML 文件。另外，图形化的 HTML 开发工具，使得网页的制作变得越来越简单，主要的 HTML 开发工具有微软公司的 Microsoft FrontPage、Adobe 公司的 Adobe Page Mill 和 Dreamweaver 等编辑工具，它们都被称为"所见即所得"的网页制作工具。这些图形化的开发工具可以直接处理网页，而不用书写标记。用户在没有 HTML 基础的情况下，照样可以编写网页，编写 HTML 文档的任务由开发工具完成。这既是网页制作工具的优点也是它的缺点，原因是受图形编辑工具自身的约束，将产生大量的垃圾代码。一个优秀的网页编写者应该在掌握图形编辑工具的基础上进一步学会 HTML，从而知道哪些是垃圾代码。这样，就可以利用图形化 HTML 开发工具快速地设计出网页，又会消除无用的代码，从而达到快速制作高质量网页的目的。

　　CSS 是 Cascading Style Sheets 的简称，中文译为"层叠样式表"，是一组样式。无论用户使用什么工具软件制作网页，都在有意无意地使用 CSS。用好 CSS 能使网页更加简洁美观。不同类型的样式使用方法与用途各不相同，用户需要根据自己的需求选择样式表的类型。

本模块要点

● 学习并使用 HTML 编写网页
● 学习并使用 CSS 样式设计网页格式
● 网页常用格式介绍

任务一 认识 HTML

子任务 1 什么是 HTML

1. HTML 简介

HTML 是一种用来制作超文本文档的简单标记语言。用 HTML 编写的超文本文档称为 HTML 文档，它能独立于各种操作系统平台（如 UNIX、Windows 等）。自 1990 年以来，HTML 就一直被用作 World Wide Web 的信息表示语言，用于描述 Homepage 的格式设计以及它与 WWW 上其他 Homepage 的连接信息。使用 HTML 描述的文件，需要通过 WWW 浏览器显示出效果。

2. 应用 HTML 制作简单网页

步骤

步骤 1 依次单击"开始"→"所有程序"→"附件"→"记事本"，打开记事本，输入代码，并将当前文件保存为 lx1.html（文件名可自行定义，扩展名一定为.html），如图 3-1 所示。

图 3-1 HTML 编辑

步骤 2 依次单击"开始"→"所有程序"→"Internet Explorer"，打开网页浏览器。再依次单击"文件"→"打开"，弹出如图 3-2 所示的对话框。

图 3-2 IE 打开网页对话框

步骤 3 单击"浏览"按钮，找到刚才建立的 lx1.html 文件，然后单击"确定"按钮，网页显示如图 3-3 所示。

图 3-3　浏览器显示网页

子任务 2　HTML 文档的基本结构

1. HTML 语法

HTML 文档是纯文本文档，由显示在窗口中的文字和 HTML 标记（TAG）组成。标记总是封装在由"<"和">"组成的一对尖括号之中。标记只改变网页的显示方式，本身不会显示在窗口中。标记（有些软件中也称为标签）分为单标记和双标记。

（1）双标记　双标记由始标记和尾标记两部分构成，必须成对使用，如"<title>"和"</title>"，在始标记和尾标记之间放入要修饰或说明的内容。

始标记告诉 Web 浏览器从此处开始执行该标记所表示的功能，而尾标记告诉 Web 浏览器在这里结束该功能。始标记前加一个斜杠（/）即成为尾标记。

双标记的语法如下所示：

<标记>内容</标记>

其中"内容"部分就是要被这对标记施加作用的部分。

（2）单标记　单标记只需单独使用就能完整地表达意思，这类标记的语法如下所示：

<标记>

最常用的单标记是
，表示在一个段落未结束时，显示强制换行。

（3）标记属性　许多单标记和双标记的始标记内可以包含一些属性，属性在双标记的始标记内或单标记内指定。其语法如下所示：

<标记名字 属性1 属性2 属性3...>

各属性之间无先后次序，属性也可省略（即取默认值），例如单标记<HR>表示在文档当前位置画一条水平线（Horizontal Line），一般是从窗口中当前行的最左端一直画到最右端。带一些属性：

<HR SIZE=2 ALIGN=CENTER WIDTH="50%">

其中 SIZE 属性定义线的粗细，属性值取整数，默认值为 1；ALIGN 属性表示对齐方

32

式，可取 LEFT（左对齐，默认值）、CENTER（居中）、RIGHT（右对齐）；WIDTH 属性定义线的长度，可取相对值（由一对双引号引起来的百分数，表示相对于充满整个窗口的百分比），也可取绝对值（用整数表示的屏幕像素点的个数，如 WIDTH=300），默认值是"100%"。

 注意

HTML 文档的标记不区分大小写。

（4）注释语句　像其他计算机语言一样，HTML文件也提供注释语句。浏览器会忽略此标记中的文字而不做显示。注释语句的格式如下所示：

```
<! -- 注释语句 -->
```

2．HTML 文档的基本结构

```
<html>
  <head>
    <title>...</title>
  </head>
  <body>...</body>
</html>
```

标签说明：

1）HTML 文档中，第一个标记是<html>。这个标记告诉浏览器这是 HTML 文档的开始。HTML 文档的最后一个标记是</html>，这个标记告诉浏览器这是 HTML 文档的终止。

2）<head>和</head>标记表示 HTML 文本的头区域。在浏览器窗口中，头信息是不被显示的。

3）<title>和</title>标记之间的文本是 HTML 文件的标题，它被显示在浏览器的顶端。

4）<body>和</body>标记之间的文本是正文，表示文件的主体信息。

5）作为 HTML 的开端，建议用户使用小写标记编写 HTML，尽管 HTML 对规范化书写并不是要求很严格，但是规范化书写在今后会逐渐成为一种趋势。

子任务 3　HTML 常用标记及属性

1．页面设计与文字设计的 HTML 标记

在"<body>...</body>"标记之间直接输入文字就可以显示在浏览器窗口中，但是要制作真正实用的网页，必须对输入的文字进行修饰。

（1）划分段落　为了排列整齐、清晰，文字段落之间，常用<p>...</p>来做标记。文件段落的开始由<p>来标记，段落的结束由</p>来标记，</p>是可以省略的，因为下一个<p>的开始就意味着上一个<p>的结束。

<p>标记还有一个属性 align，它用来指明字符显示时的对齐方式，一般值有 center、left、right 三种。

注意

只有使用"<p>...</p>"标记对时，对齐属性才起作用。

实例 3-1 应用段落标记的 HTML 代码及效果图。

代码：

```
<!doctype html>
<html>
<head>
<meta charset="utf-8">
<title>段落练习</title>
</head>
<body>
 <p align="left">人之初，性本善；</p>
 <p align="center">性相近，习相远。</p>
 <p align="right">苟不教，性乃迁；</p>
 <p><center>教之道，贵以专。</center></p>
</body>
</html>
```

效果如图 3-4 所示。

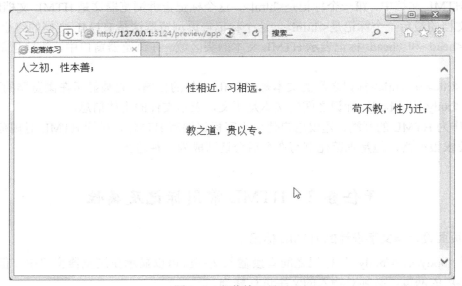

图 3-4 段落练习显示

注意

标签"<center>...</center>"HTML5 已不支持，最好用 CSS 实现。

34

（2）标题文字　标题标记为<hn>，其中n为标题的大小。HTML总共提供6个等级的标题，n越小，标题字号就越大。

实例3-2　应用标题标记的代码及效果图。

代码：

```
<!doctype html>
<html>
<head>
<meta charset="utf-8">
<title>        标题练习        </title>
</head>
<body>
 <h1><p align="left">人之初，性本善；（一级标题）</p></h1>
 <h2><p align="center">性相近，习相远。（二级标题）</p></h2>
 <h3><p align="right">苟不教，性乃迁；（三级标题）</p></h3>
 <h4><p> <center>教之道，贵以专。（四级标题）</center></p></h4>
   </body>
</html>
```

效果如图 3-5 所示。

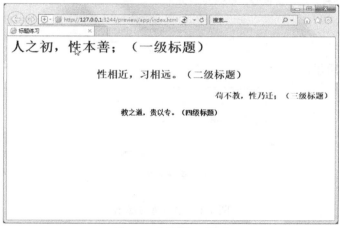

图 3-5　标题练习显示

（3）字号属性

1）HTML 提供了"基准字号"标记，可将网页文件内最常用的文本大小设置为基准字号，其他的文本可以在此基础上改变大小。设置基准字号的格式为：

```
<basefont size="数值">
```

2）对于网页内的其他文字，可以采用下面的格式来定义。

```
<font size="数值">…</font>
```

如果在数值的前面加上"＋"或"－"号，则表示相对基础字体增大或减小若干字号。

实例3-3　应用字号标记的代码及效果图。

代码：

```
<!doctype html>
<html>
<head>
<meta charset="utf-8">
<title>段落练习</title>
</head>
<body>
  <basefont size="7">
    <p align="left">人之初，性本善；　</p>
  <font size="1">
    <p align="center">性相近，习相远。</p>
  </font>
  <basefont size="5">
    <p align="right">
        <font size="+1">苟</font>不教，
        <font size="-1">性</font>乃迁；
      </p>
    <p><center>教之道，贵以专。</center></p>
</body>
</html>
```

效果如图 3-6 所示。

图 3-6　字号练习显示

 注意

标签<basefont>、<font>HTML5 已不支持，最好用 CSS 实现。

（4）水平线段　使用<hr>标记可以在屏幕上显示一条水平线，用以分割页面中的不同部分。

属性说明如下。

1）size：水平线段的宽度。默认值为 1。

2）width：水平线段的长度，用占屏幕宽度的百分比或像素值来表示。

3）align：水平线段的对齐方式，有 left、right、center 三种可选。

4）no shade：线段无阴影属性，为实心线段。

5）color：设置水平线段的颜色。

实例 3-4 应用水平线段标记的 HTML 代码及效果图。

```
代码：
<!doctype html>
<html>
<head>
<meta charset="utf-8">
<title>    段落练习    </title></head>
  <body>
    <font size="5">
     <hr size="2">
        <p align="left">人之初，性本善；</p></hr>
       <p align="center">性相近，习相远。</p>
      <hr size="10" align="center" width="50%" >
        <p align="right">苟不教，性乃迁；</p></hr>
      <hr size="5" color="#ff33ee" align="right" width="30%" noshade >
       <p> <center>教之道，贵以专。</center></p></hr>
    </font>
  </body>
</html>
```

效果如图 3-7 所示。

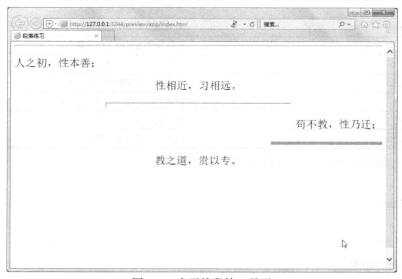

图 3-7 水平线段练习显示

注意

<hr> 标签所有的布局属性，HTML5 已不再支持。请使用 CSS 来为 <hr> 元素定义样式。

（5）文字的样式

1）文字的字体通过"font"的"face"属性来设置。

语法：<font face="字体"> </font>

说明：用户设置的字体与计算机上安装的字体有关，如果站点访问者的计算机上没有安装用户定义的字体，那么在用户计算机的屏幕上网页中的字体就无法正常显示。face 属性还可以指定一个字体列表，如果浏览器不支持第一种字体，就会尝试显示第二种、第三种……依此类推，直到能够显示为止。

2）文字的颜色通过"font"的"color"属性设计。

语法：<font color="#rrggbb">字符串</font>

说明：rr、gg、bb 分别以十六进制的形式表示红、绿、蓝色的数值，范围在 00～FF 之间。通过红、绿、蓝三原色的任意组合，可以得到 1600 万种颜色。

3）对文本进行粗体、斜体、下划线、等宽体、增大、缩小和上下标等修饰操作，语法格式见表 3-1。

表 3-1　文字格式

语　　法	样 式 说 明
<b>…</b>	粗体
<i>…</i>	斜体
<u>…</u>	下划线
<strike>…</strike>	删除线
<em>…</em>	强调文字，通常用斜体
<strong>…</strong>	特别强调的文字，通常用黑体
<tt>…</tt>	以等宽体显示西文字字符
<big>…</big>	使文字相对于前面的文字增大一号
<small>…</small>	使文字相对于前面的文字减小一号
<sup>…</sup>	使文字成为前一个字符的上标
<sub>…</sub>	使文字成为前一个字符的下标
<blank>…</blank>	使文字显示为闪烁效果

实例 3-5　应用文字样式的 HTML 代码及效果图。

代码：

```
<!doctype html>
<html>
<head>
<meta charset="utf-8">
    <title>    文字样式    </title></head>
  <body>
```

```
        <font size="5"><center>
<font face="华文新魏" color="#88ee22"><p >人之初，性本善；</p></font>
        <font face="隶书" color="#ff33ee"><p >性相近，习相远。</p></font>
        <font face="宋体" color="#00ffee"><p ><b>苟</b><i>不</i><u>教</u>，
<strike>性</strike><em>乃</em><big>迁</big>；</p></font>
        <p><font    color="#88ee22" >教之道，贵以专。</font></p></center></font>
    </body>
</html>
```

效果如图 3-8 所示。

图 3-8　文字样式显示

2. 图片的插入

超文本支持的图像格式一般有 X BitMap（XBM）、GIF、JPEG 三种，对图片处理后要保存为这三种格式中的任意一种，这样才可以在浏览器中看到。

（1）在网页中插入图片　插入图像的标记是<img>，其格式为：

```
<img src="图形文件地址">
```

src 属性指明了所要链接的图形文件地址，这个图形文件可以是本地机器上的图形，也可以是位于远端主机上的图形。

（2）图片的属性

1）图片的高度和宽度：height 和 width 分别表示图形的高度和宽度。通过这两个属性，可以改变图形的大小，如果没有设置，那么图形按真实大小显示。

2）空白大小：hspace 表示图片左右的空间，vspace 表示图片上下的空间。

3）边框厚度：border 用于设定图片的边框厚度。厚度取值范围为 0～99。

 注意

在 IE 中，当一个图片包含超链接时，会自动显示蓝色边框，如果要去掉这个边框，可设置 border=0。

4）图文混排对齐方式：align 用于调整图片旁边文字的位置，可以控制文字出现在图片的上方、中间、底部、左右等。可选值为：top、middle、bottom、left、right，默认值为 bottom。

5）替换文字：alt 用于设定替换文字。为了加快浏览网页的速度，用户可在浏览器中关闭图片显示，原来放置图片的位置会显示一个方框。设定替换文字后，在方框中会显示替换文字，使用户知道此图片的内容。当把鼠标移动到图上时，无论图片是否显示，替换文字都可以显示出来（见实例 3-6），利用这个特性，替换文字也可以作为图片的注释。

实例 3-6 图片插入的 HTML 代码及效果图。

代码：

```
<!doctype html>
<html>
<head>
<meta charset="utf-8">
<title>    图片插入    </title></head>
  <body>
            <img src="images\f3.jpg" width="100" hspace="5" vspace="5" border="2'" align="left" alt="风景">
        刚出生时，人的本性是善良的。每个人的本性都一样，只是因为后天的环境不同，性格就出现差异了。如果从小不对孩子好好进行教育，他们善良的本性就会变化；教育的关键在于专业。
    </body>
</html>
```

效果如图 3-9 所示。

图 3-9 图片插入显示

3．列表的插入

（1）无序号列表　无序号列表使用的一对标记是<ul>…</ul>，每一个列表项前使用<li>。其结构如下所示：

```
<ul>
    <li>第一项</li>
    <li>第二项</li>
    <li>第三项</li>
</ul>
```

（2）序号列表　序号列表和无序号列表的使用方法基本相同，它使用标记<ol>…</ol>，每一个列表项前使用<li>。每个项目都有前后顺序之分，多数用数字表示。其结构如下所示：

```
<ol>
    <li>第一项</li>
    <li>第二项</li>
    <li>第三项</li>
</ol>
```

（3）定义性列表　定义性列表可以用来给每一个列表再加上一段说明性文字，说明独立于列表项另起一行显示。在应用中，列表项使用标记<dt>标明，说明性文字使用<dd>表示（用<dd>标记定义的说明文字自动向右缩进）。在定义性列表中，还有一个属性是compact，使用这个属性后，说明文字和列表项将显示在同一行。其结构如下所示：

```
<dl>
<dt>第一项</dt> <dd>叙述第一项的定义</dd>
<dt>第二项</dt><dd>叙述第二项的定义</dd>
<dt>第三项</dt><dd>叙述第三项的定义</dd>
</dl>
```

实例 3-7　插入列表的 HTML 代码及效果图。

代码：

```
<!doctype html>
<html>
<head>
<meta charset="utf-8">
    <title>    列表插入    </title></head>
<body>
 1. 无序号列表
<ul>
<li>玉不琢，不成器；</li>
<li>人不学，不知义。</li>
<li>为人子，方少时，</li>
<li>亲师友，习礼仪。</li>
</ul>
<hr size="5" noshade>
2. 序号列表
<ol>
<li>玉不琢，不成器； </li>
<li>人不学，不知义。</li>
<li>为人子，方少时，</li>
<li>亲师友，习礼仪。</li>
</ol>
<hr size="5" noshade>
3. 定义列表
<dl>
```

<dt>玉不琢，不成器；</dt> <dd>玉不经过雕琢就不能成为精美的玉器；</dd>

<dt>人不学，不知义。</dt> <dd>人如果不学习也不会懂得礼仪。</dd>

<dt>为人子，方少时， </dt><dd>做子女的从小</dd>

<dt>亲师友，习礼仪。</dt><dd> 就知道亲近老师和朋友，从他们那里学习礼仪知识。</dd>

</dl>

</body>

</html>

效果如图 3-10 所示。

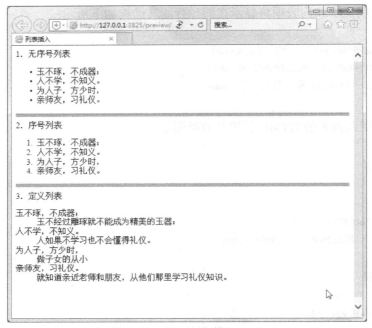

图 3-10　插入列表练习显示

4．表格

（1）表格的基本结构

<table>...</table>　定义表格

<caption>...</caption>　定义标题

<tr>　　定义表行

<th>　　定义表头</th>

<td>　　定义表元（表格的具体数据）</td>

</tr>

（2）表格的标题　表格标题的位置，可由align属性来设置，其位置可设置在表格上方或表格下方。

设置标题位于表格上方：<caption align=top> ... </caption>

设置标题位于表格下方：<caption align=bottom> ... </caption>

（3）表格的大小　一般情况下，表格的总长度和总宽度是根据各行和各列的总和自动调整的，直接固定表格的大小，可以使用下列方式：

```
<table width="n1" height="n2">
```

width 和 height 属性分别指定表格一个固定的宽度和长度，n1 和 n2 可以用像素来表示，也可以用百分比（与整个屏幕相比的大小比例）来表示。

（4）边框尺寸设置 边框是用border属性来体现的，它表示表格的边框厚度和框线。将border设成不同的值，有不同的效果。

（5）格间线宽度 格与格之间的线为格间线，它的宽度可以使用<table>中的cellspacing属性加以调节。格式是：

```
<table cellspacing="#">        "#"表示要取用的像素值
```

（6）内容与格线之间的宽度 还可以在<table>中设置cellpadding属性，用来规定内容与格线之间的宽度。格式为：

```
<table cellpadding="#">        "#"表示要取用的像素值
```

（7）表格内文字的对齐/布局表格中数据的排列方式 左右排列是以align属性来设置的，而上下排列则由valign属性来设置。

左右排列的位置可分为三种：居左（left）、居右（right）和居中（center）。

上下排列比较常用的有四种：上齐（top）、居中（middle）、下齐（bottom）和基线（baseline）。

实例 3-8 插入表格的 HTML 代码及效果图。

代码：

```
<!doctype html>
<html>
<head>
<meta charset="utf-8">
    <title>    表格插入    </title></head>
<body>
<table border="2" width="100%">
 <caption> 2008 级计算机网络班学生名单 </caption>
<tr>
<th width="10%">序号</th>
    <th width="40%">姓名</th>
    <th width="30%">性别</th>
    <th width="20%">年龄</th>
</tr>
<tr>
<td align="center">1</td>
<td align="left">张三</td>
<td align="right">男</td>
<td align="center">19</td>
</tr>
<tr>
```

```
<td align="center">2</td>
<td align="left">李四</td>
<td align="right">女</td>
<td align="center">20</td>
</tr>
<tr>
<td align="center">3</td>
<td align="left">王五</td>
<td align="right">男</td>
<td align="center">18</td>
</tr>
</table>
</body>
</html>
```

效果如图 3-11 所示。

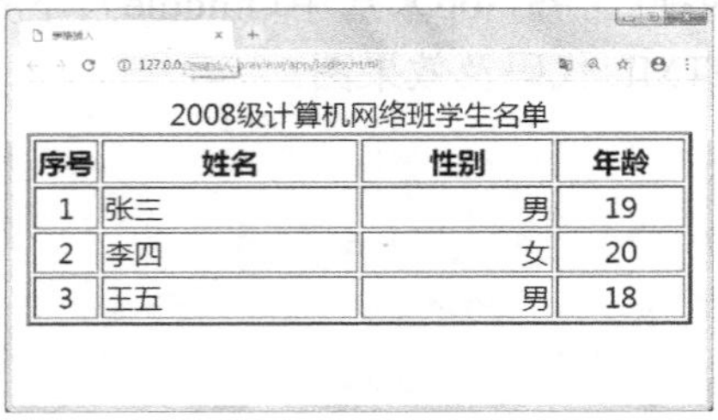
2008级计算机网络班学生名单

序号	姓名	性别	年龄
1	张三	男	19
2	李四	女	20
3	王五	男	18

图 3-11　表格练习显示

5．超链接

（1）建立超链接　超文本中的链接是其最重要的特性之一，使用者可以从一个页面直接跳转到其他的页面、图像或者服务器。一个链接的基本格式如下：

```
<a href="URL">链接文字</a>
```

- 标记<a>表示一个链接的开始，</a>表示链接的结束。
- 属性“href”定义了这个链接所指的地方，用“URL”进行标识。
- 通过单击“链接文字”可以到达指定的文件。

（2）链接到图片文件　图片也可以包含超链接，基本格式为：

```
<a href="URL"><img src=URL border=0></a>
```

（3）链接到邮件和多媒体文件　超链接的目标可以是一个网站、网页文件、邮件或其他目标。基本格式为：

```
<a href=mailto:收件人地址 >链接文字</a>
```

单击“链接文字”时，浏览器会自动打开所链接的邮件系统，如 Outlook Express，并进入创建新邮件状态，同时把收信人地址设为“mailto”后面的邮件地址。

当链接的目标为“.txt”“.jpg”“.gif”等可以直接用浏览器打开的文件时，浏览器会直接显示这些文件。

当链接目标为".rm"".wav"".swf"等多媒体文件时，如果用户的计算机上安装有播放这些多媒体文件的工具，浏览器会自动打开这些程序并开始播放这些文件。

如果链接目标为浏览器不能自动打开的文件格式，则会弹出"文件下载"对话框，用户可根据需要下载或打开文件，如图 3-12 所示。

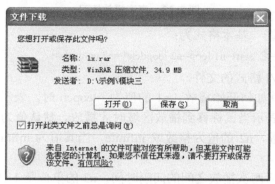

图 3-12 "文件下载"对话框

6．网页中多媒体的应用

（1）网页中加入声音 可分为两种情况加入声音：一种是当浏览页面时自动播放背景音乐；另一种是由访问者控制声音的播放。

1）自动播放声音：

```
<bgsound src="声音文件" loop=数字>
```

其中声音文件为 WAV 或 MID 文件，通过 loop 属性值设定循环播放次数，要无限次播放时，则将 loop 值设为 infinite。

2）由用户控制声音的播放（通过超链接实现）：

```
<a herf ="声音文件">链接提示</a>
```

实例 3-9 播放声音文件的 HTML 代码及效果图。

代码：

```
<html>
    <head>
        <title> 声音播放 </title></head>
<body>
        正在播放背景音乐，连续播放三遍
        <bgsound src="media\ding.wav" loop=3>
    <p>单击 <a href="media\notify.wav">声音</a>播放
</body>
</html>
```

效果如图 3-13 所示。

图 3-13 声音播放练习

（2）网页中加入电影 基本格式为：

`<img dynsrc="影视文件名"start=n1 loop=n2 loopdelay=n3 controls>`

影视文件一般为 AVI 格式的文件。

start：控制影视文件如何开始播放，n1 的值为 fileopen 时，表示当页面一打开就播放，而值为 mouseover 时，表示当鼠标移到播放区域时才播放。默认值为 fileopen。

loop：设置播放次数，n2 的值为整数或 infinite，当其值为 infinite 时，表示将一直不停地循环播放。

loopdelay：设置前后两次播放之间的间隔时间，n3 的单位是 1/1000s。

controls：显示视频播放控制条，以便用户控制视频的播放。

实例 3-10 播放影视文件的 HTML 代码及效果图。

代码：

```
<html>
    <head>
        <title> 视频播放 </title></head>
    <body>
        在线看电影
        <img dynsrc="media\ speedis.avi" control>
    </body>
</html>
```

任务二 认识 CSS

子任务 1 什么是 CSS

1. CSS 简介

CSS（Cascading Style Sheets）即层叠样式表，是一种用来表现 HTML（标准通用标记语言的一个应用）或 XML（标准通用标记语言的一个子集）等文件样式的计算机语言。

CSS 是能够真正做到网页表现与内容分离的一种样式设计语言。相对于传统 HTML 的表现而言，CSS 能够对网页中的对象的位置排版进行像素级的精确控制，支持几乎所有的字体和字号样式，拥有对网页对象和模型样式编辑的能力，并能够进行初步交互设计，是目前基于文本展示最优秀的表现设计语言之一。

在网页制作时采用 CSS 技术，可以有效地对页面的布局、字体、颜色、背景和其他效果实现更加精确的控制。只要对相应的代码做一些简单的修改，就可以改变同一页面的不同部分，或者页数不同的网页的外观和格式。

优点：

1）在几乎所有的浏览器上都可以使用。

2）以前一些必须通过图片转换实现的功能，现在只要用 CSS 就可以轻松实现，从而更快地下载页面。

3）使页面的字体变得更漂亮，更容易编排，使页面真正"赏心悦目"，轻松地控制页面的布局。

4）可以将许多网页的风格格式同时更新，不用再一页一页地更新了。可以将站点上所有的网页风格都使用一个 CSS 文件进行控制，只要修改这个 CSS 文件中相应的行，那么整个站点的所有页面都会随之发生变动。

2．CSS 与 HTML 在网页设计中的应用对比

实例 3-11 应用 CSS 设置网页内容格式。

要求：标题为红色、36 号字、加粗；奇数行正文格式为黑色、24 号字、加粗；偶数行正文格式为蓝色、28 号字、斜体。设置后的网页如图 3-14 所示。

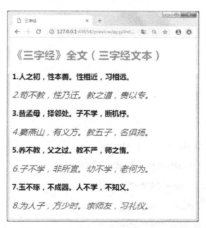

图 3-14 实例 3-11 网页示意图

使用 CSS 时的网页源代码如下：

```
<!doctype html>
<html>
<head>
<meta charset="utf-8">
<title>三字经</title>
<style>
.bt {color: red; font-size: 36px; font-weight: bold ;}
.zwj {color: black; font-size: 24px; font-weight: bold ;}
```

```
.zwo {color: blue; font-size: 28px; font-style: italic ;}
</style>
</head >
<body >
<p class="bt">《三字经》全文（三字经文本）</p>
<p class="zwj">1.人之初，性本善。性相近，习相远。</p>
<p class="zwo">2.苟不教，性乃迁。教之道，贵以专。</p>
<p class="zwj">3.昔孟母，择邻处。子不学，断机杼。</zwj></p>
<p class="zwo">4.窦燕山，有义方。教五子，名俱扬。</zwo></p>
<p class="zwj">5.养不教，父之过。教不严，师之惰。</zwj></p>
<p class="zwo">6.子不学，非所宜。幼不学，老何为。</zwo></p>
<p class="zwj">7.玉不琢，不成器。人不学，不知义。</zwj></p>
<p class="zwo">8.为人子，方少时。亲师友，习礼仪。</zwo></p>
</body>
</html>
```

　　如果使用 HTML 实现上面的页面效果，则源代码为：

```
<!doctype html>
<html>
<head>
<meta charset="utf-8">
<title>三字经</title>
</head>
<body>
<p><font color="#FF0004"><font size="36"><strong>
《三字经》全文（三字经文本）</strong></font></font></p>
<p><font color="#000000"><font size="24"><strong>
1.人之初，性本善。性相近，习相远。</strong></font></font></p>
<p><font color="#0000FF"><font size="28"><em>
2.苟不教，性乃迁。教之道，贵以专。</em></font></font></p>
<p><font color="#000000"><font size="24"><strong>
3.昔孟母，择邻处。子不学，断机杼。</strong></font></font></p>
<p><font color="#0000FF"><font size="28"><em>
4.窦燕山，有义方。教五子，名俱扬。</em></font></font></p>
<p><font color="#000000"><font size="24"><strong>
5.养不教，父之过。教不严，师之惰。</strong></font></font></p>
<p><font color="#0000FF"><font size="28"><em>
6.子不学，非所宜。幼不学，老何为。</em></font></font></p>
<p><font color="#000000"><font size="24"><strong>
```

7.玉不琢，不成器。人不学，不知义。</strong></font></font></p>
<p><font color="#0000FF"><font size="28"><em>
8.为人子，方少时。亲师友，习礼仪。</em></font></font></p>
</body>
</html>

说明：

1）如果想改变奇数行正文的字号为 32，在 CSS 中只需将<style>标记后的 zwj 行中的"font-size"的值改为 32 即可（只需修改一个地方的值）；而在 HTML 中，则需分别将 1、3、5、7 行中的"font size"的值改为 32（需要修改 4 个地方，如正文中行数较多，则修改的地方更多）。由此可知，使用 HTML 的源代码比使用 CSS 的源代码要复杂。

2）在 CSS 和 HTML 用不同形式标注的同一部分所实现的功能相同。

子任务 2　CSS 的基本语法

1. CSS 基本语法

在 HTML 文档的头部标记<head>中使用"<style>...</style>"之间的风格定义语句来定义文档中各种对象的风格，也可以使用内联样式表和外部样式表。

CSS 风格定义的基本格式如下：

```
<style type="text/css">
选择器（即要修饰的对象或者说是标签）
{
对象的属性 1：属性值;
对象的属性 2：属性值; }
</style>
```

注意

1）<style>表示 CSS 定义开始；type="text/css"表示定义的是 CSS 文本，此属性可省略。

2）风格定义行最前面为要定义属性的标记的名称，如实例 3-11 中的"bt""zwj"和"zwo"等；属性定义用花括号"{}"包含；属性和属性值用冒号"："分隔，要定义多个属性时，各属性间用分号"；"分隔。例如下面的标题格式定义：

```
<style >              /*省略了 type="text/css"/
.bt{color:red;          /*标记定义为 bt，颜色属性值为红色*/
font-size：36px;        /*字号属性值为 36*/
font-weight：bold;      /*字体效果为加粗*/
 }                    /*定义结束*/
</style>
```

2．类选择器

当在一个页面中相同的标记要表现为不同的效果时，要用到类（Class）。定义类的语法为：

类名{标志属性名：属性值；……标志属性名：属性值}

已经定义的类可以在页面的 HTML 文档中引用，语法为：

```
<class=类名>
```

例如：<class=类名（自己刚才定义的类名）><li>人之初，性本善</li>

实例 3-12 应用 CSS 中的类，实现如图 3-15 所示的网页。

图 3-15　实例 3-12 网页示意图

定义 CSS 标记如下：

```
<style type="text/css">
.class1 {     font-family: "方正舒体";font-size: 24px;color: #f00;}
.class2 {     font-size: 24px; font-weight: bold; color: #00F ;}
</style>
```

说明：以上代码定义了两个类——class1 和 class2，class1 表示字体为方正舒体、24 号字，字体颜色为红色；class2 表示字体为 24 号字，字体为粗体，字体颜色为蓝色。

代码：

```
<head>
<title>无标题文档</title>
<style type="text/css">
.class1 {     font-family: "方正舒体";font-size: 24px;color: #f00;}
.class2 {     font-size: 24px; font-weight: bold; color: #00F ;}
</style>
</head>
<body>
<p class="class1">1.人之初，性本善。性相近，习相远。</p>
<p class="class2">2.苟不教，性乃迁。教之道，贵以专。</p>
<p >3.昔孟母，择邻处。子不学，断机杼。</p>
<span class="class1"></span>
</body>
</html>
```

3．ID 标志

ID 标志可以用来实现同一风格应用到页面中的不同地方，它的语法是：

#ID 标志名{标志属性名：属性值；……标志属性名：属性值}

例如：

#a {font-size:30px}　　　　　　　/*此处 a 为用户定义的选择器名称*/

应用：

<p　id="a">人之初，性本善</p> /*在当前段落中设置字号为 ID 标志 a 所定义的 30*/

4．不同类型选择器优先级

例如：

p {font-size: 30px}

#aaa {font-size: 10px}

.bbb {font-size: 20px}

应用：

<p id="aaa" class="bbb" style="font-size:25px">人之初，性本善</p>

上述语句生效的是 style="font-size:25px"，也就是说，字号最终为 25 像素，因为在 CSS 样式表中行内样式优先级是最高的，其次是 ID 选择器，然后是类选择器，最后是标记选择器。

子任务 3　CSS 的类型

1．内联样式表（也称行内样式表）

直接在 HTML 标记内，插入 style 属性，再定义要显示的样式，这是最简单的样式定义方法。不过，利用这种方法定义样式时，只可以控制该标记，其语法如下：

<标记名称　style="样式属性：属性值；……样式属性：属性值">

例如：<body style=" color:#FF0000;font-family:"宋体";cursor: url (3151.ani) ;">

实例 3-13　应用内联样式设置网页主体内容的标题部分为"楷体、36 像素、蓝色加粗字体"，如图 3-16 所示。

图 3-16　实例 3-13 网页效果示意图

步骤

步骤 1　打开 Dreamweaver CC，新建 HTML 文档，命名为"sl3-13.html"，输入相应文本内容。

步骤 2　单击要插入内联样式的段落，在"属性"面板中选中"CSS"项，在"目标规

51

则"下拉列表中选择"<新内联样式>",单击"编辑规则"按钮,如图 3-17 所示。

图 3-17　内联样式新建示意图

步骤 3　单击"编辑规则"后,源代码该处出现"style=""",不再像以前弹出的"<内联样式>的 CSS 规则定义"对话框,直接在属性面板中修改,如图 3-18 所示。

图 3-18　内联样式的添加

说明:1)当前网页源代码如下,其中加粗部分为内联样式的 CSS 代码。

```
<body>
<p style="font-family: "楷体"; font-size: 36px; color: #0044FF; font-weight: bold;">《三字经》全文解释</p>
<p>　人之初,性本善。性相近,习相远。　</p>
<p>【启示】人生下来原本都是一样,但从小不好好教育,善良的本性就会变坏。所以,人从小就要好好学习,区分善恶,才能成为一个对社会有用的人才。　</p>
<p>【译文】人生下来的时候都是好的,只是由于成长过程中,后天的学习环境不一样,性情也就有了好与坏的差别。</p>
</body>
```

2)注意,在当前网页中,设置的内联样式在第一个段落标记中,起作用的只有第一段内容。用户可以尝试对不同段落设置不同的内联样式,并观察网页显示效果。

2.嵌入样式表

```
<style type="text/css">
```

嵌入样式表是放到页面的<head>中的样式表,这些定义的样式就应用到页面中了。样式表是用<style>标记插入的。

```
<head>
…
<style type="text/css">
<!--
hr {color: sienna}
p {margin-left: 20px}
body {…}
-->
</style>
```

```
…
</head>
```

<style>元素是用来说明所要定义的样式的。type 属性是指定 style 元素以 CSS 的语法定义。有些低版本的浏览器不能识别<style>标记，这意味着低版本的浏览器会忽略<style>标记里的内容，并把<style>标记里的内容以文本直接显示到页面上。为了避免这样的情况发生，用加 HTML 注释的方式"<!-- 注释 -->"隐藏内容而不让它显示。

实例 3-14 应用嵌入样式设置网页格式，如图 3-19 所示（将楷体、36 像素、蓝色加粗字体设为类，并在指定标志中引用，本例在第 4 段中引用样式）。

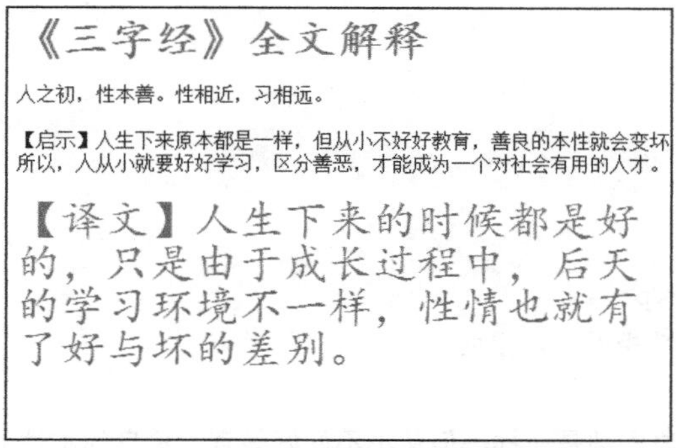

图 3-19 实例 3-14 网页效果示意图

步骤

步骤 1 打开 Dreamweaver CC，新建 HTML 文档，命名为"sl3-14.html"，输入相应文本内容。

步骤 2 执行菜单栏"窗口"→"CSS 设计器"，在左侧出现"CSS 设计器"，如图 3-20 所示。

步骤 3 执行"CSS 设计器"→"源"→"在页面内定义"，再执行"CSS 设计器"→"选择器"→"＋"，输入栏中输入".qrysb"，如图 3-21 所示。

图 3-20 CSS 设计器

步骤 4 在选择器中选择".qrysb"，执行"CSS 设计器"→"属性"，设置相关属性，如图 3-22 所示。

图 3-21 建立嵌入样式表

图 3-22 ".qrysb 的 CSS 规则定义"对话框

说明：当前网页源代码如下，其中加粗部分为嵌入样式表的 CSS 代码，加粗并带下划线部分为在第 4 段引用嵌入样式表中定义的类。

```html
<html xmlns="http://www.w3.org/1999/xhtml">
<head>
<meta http-equiv="Content-Type" content="text/html; charset=utf-8" />
<title>无标题文档</title>
<style type="text/css">
.qrysb {
 font-family: "楷体";
 font-size: 36px;
 color: #0044FF;
}
</style>
</head>
<body>
<p>《三字经》全文解释</p>
<p>  人之初，性本善。性相近，习相远。
  </p>
 <p >【启示】人生下来原本都是一样，但从小不好好教育，善良的本性就会变坏。所以，人从小就要
好好学习，区分善恶，才能成为一个对社会有用的人才。
  </p>
 <p class="qrysb" >【译文】人生下来的时候都是好的，只是由于成长过程中，后天的学习环境不一
样，性情也就有了好与坏的差别。</p>
</body>
</html>
```

3．外部样式表

（1）基本概念 在编制一个包含很多页面的网站时，各页面的风格往往是相同或类似的，每次都在"<head>"和"</head>"中插入相同的样式表规则，既增加了工作量又容易出错。CSS允许使用一个统一的外部样式表文件，各个网页都可以调用这个文件，以实现统一风格。

当外部样式表被更改时，引用该样式表的所有页面风格也将随之发生变化，而不需要一个个去修改。

（2）定义语法

```css
@charset "utf-8";
.类名  {
 font-family: "方正舒体";                /*（建立的规则）*/
 font-size: 36px;
 color: #C00;
}
```

（3）外部样式表的引用　实现在当前HTML文档中引用外部样式表CSS文件。

方法一：使用<link>标记链接外部样式表

在文档的头部用以下语句来实现外部样式表的链接：

```
<head>
    <link rel=stylesheet href="样式表名称">
</head>
```

说明：href 指定所引用的外部样式表文件的路径和文件名，应包含路径信息，这里所指的是样式表与网页文档在同一目录下。一个 HTML 文档可以引用多个外部样式表。

方法二：使用@import 导入样式表信息

使用"@import"命令也可以把外部样式表引入到页面中。"@import"必须用在"<style>…</style>"标记之间。

实例 3-15　创建一个外部样式表（whysbbt.css），定义一个标题（bt）类，要求是宋体、42 像素、正常加粗显示，颜色为深蓝。

步骤

方法一：

步骤 1　打开 Dreamweaver CC，单击新建栏目下的"CSS"按钮。

步骤 2　输入以下代码：

```
.bt {
font-family: "宋体";
font-size: 42px;
font-style: normal;
font-weight: bold;
color: #009;
}
```

步骤 3　依次单击"文件"→"保存"，选择保存的位置，输入文件名 whysbbt.css，最后单击"确定"按钮。

方法二：

步骤 1　打开 Dreamweaver CC，新建 HTML 文档。

步骤 2　执行"CSS 设计器"→"源"→"创建新的 CSS 文件"。

步骤 3　在弹出的"创建新的 CSS 文件"对话框，单击"浏览"按钮，选择保存路径和文件名，如图 3-23 所示。单击"确定"按钮。

步骤 4　执行"CSS 设计器"→"选择器"→"＋"。在输入栏中输入".bt"。

步骤 5　执行"CSS 设计器"→"属性"，设置".bt"相关属性，如图 3-24 所示。

图 3-23　新建外部样式表

图 3-24　.bt 的属性

实例 3-16　对在实例 3-14 中建立的 sl3-14. html 中的标题进行设置，设置好的网页命名为 sl3-15.html。

步骤

步骤 1　打开网页 sl3-14.html，另存为 sl3-15.html。

步骤 2　执行"CSS 选择器"→"源"→"＋"→"附加现有的 CSS 文件"，在弹出的"使用现有的 CSS 文件"对话框，通过"浏览"按钮选择实例 3-15 中建立的 whysbbt.css，如图 3-25 所示，单击"确定"按钮。

步骤 3　在当前网页代码中选择标题所在的标记，在"<p"后输入"class="bt""。

步骤 4　预览当前网页，如图 3-26 所示。

图 3-25　"链接外部样式表"对话框

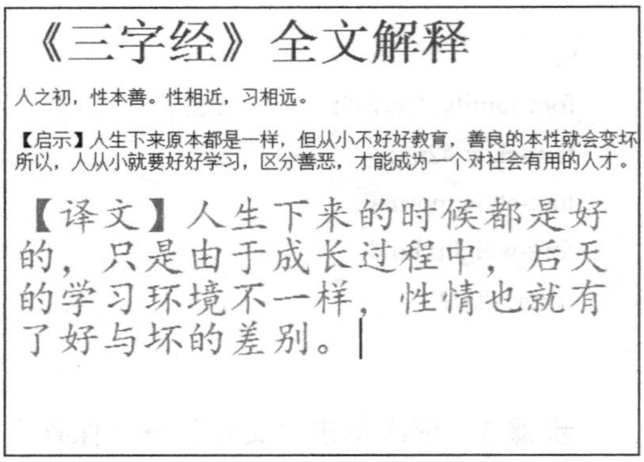

《三字经》全文解释

人之初，性本善。性相近，习相远。

【启示】人生下来原本都是一样，但从小不好好教育，善良的本性就会变坏，所以，人从小就要好好学习，区分善恶，才能成为一个对社会有用的人才。

【译文】人生下来的时候都是好的，只是由于成长过程中，后天的学习环境不一样，性情也就有了好与坏的差别。|

图 3-26　使用外部样式表效果图

说明：1）本例中是通过<link>标记来实现外部样式表文件的链接的。

2）当前网页源代码如下，其中加粗部分为引用外部样式表代码，加粗且带下划线部分为在指定标记中应用外部样式表中类的代码。

```
<head>
<meta http-equiv="Content-Type" content="text/html; charset=utf-8" />
<title>无标题文档</title>
<style type="text/css">
.qrysb {    font-family: "楷体";font-size: 36px;color: #00F;}
```

```
</style>
<link href="whysbbt.css" rel="stylesheet" type="text/css";>
</head>
<body>
<p class="bt">《三字经》全文解释</p>
 <p>  人之初，性本善。性相近，习相远。  </p>
 <p >【启示】人生下来原本都是一样，但从小不好好教育，善良的本性就会变坏。所以，人从小就要
好好学习，区分善恶，才能成为一个对社会有用的人才。  </p>
 <p class="qrysb">【译文】人生下来的时候都是好的，只是由于成长过程中，后天的学习环境不一样，
性情也就有了好与坏的差别。</p>
</body>
```

任务三　网页设计常规设置

子任务 1　设置页面属性

在 Dreamweaver CC 的页面属性设置中提供了"外观（CSS）""外观（HTML）""链接（CSS）""标题（CSS）""标题/编码"和"跟踪图像"设置功能，用户可以根据需要进行相关设置。进入页面属性的方法有：①右击设计视图窗口出现快捷菜单，最后一项为"页面属性"；②依次单击菜单命令"文件"→"页面属性"。

实例 3-17　创建网页文件 sl3_16.html，应用页面属性的"外观（CSS）"进行设置，网页显示如图 3-27 所示。

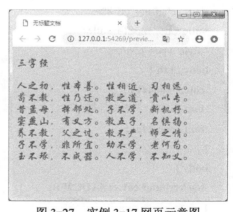

图 3-27　实例 3-17 网页示意图

步骤

步骤 1　打开 Dreamweaver CC，新建 HTML 文档。

步骤 2　在设计视图输入文字。

步骤 3　打开"页面属性"对话框，在"分类"中选择"外观（CSS）"进行相关设置，如图 3-28 所示，单击"确定"按钮。

图 3-28　实例 3-17 页面属性设置示意图

步骤 4　依次单击"文件"→"保存",将当前网页文件保存为 sl3_16.html。

步骤 5　依次单击"文件"→"实时预览"或单击工具栏上的"在浏览器中预览/调试"按钮,选择任意一种浏览器进行预览。

HTML 文档代码如下,其中加粗部分是按图 3-28 所示设置后系统所对应的 CSS 代码。

```
<!doctype html>
<html>
<head>
<meta charset="utf-8">
<title>无标题文档</title>
<style type="text/css">
body,td,th {
 color: #0044FF;
 font-family: "华文行楷";
 font-size: 24px;
}
body {
 background-color: #ADC9FB;
}
</style>
</head>

<body>
<p>三字经</p>

<p>人之初, 性本善。性相近, 习相远。 <br>
        苟不教, 性乃迁。教之道, 贵以专。 <br>
```

昔孟母，择邻处。子不学，断机杼。 \

窦燕山，有义方。教五子，名俱扬。 \

养不教，父之过。教不严，师之惰。 \

子不学，非所宜。幼不学，老何为。 \

玉不琢，不成器。人不学，不知义。 \

\</p>

\</body>

\</html>

实例 3-18　创建网页文件 sl3_17.html，应用页面属性的"外观（HTML）"进行设置，网页显示如图 3-29 所示。

步骤

步骤 1　打开 Dreamweaver CC，新建 HTML 文档。

步骤 2　在设计视图输入文字。

步骤 3　打开"页面属性"对话框，在"分类"中选择"外观（HTML）"进行设置，如图 3-30 所示，单击"确定"按钮。

图 3-29　实例 3-18 网页示意图

图 3-30　实例 3-18 页面属性示意图

步骤 4　依次单击"文件"→"保存",将当前网页文件保存为 sl3_17.html。

步骤 5　依次单击"文件"→"实时预览"或单击工具栏上的"在浏览器中预览/调试"按钮,选择任意一种浏览器进行预览。

HTML 文档代码如下,其中加粗部分是按图 3-30 所示设置后系统所对应的 HTML 代码。

```
<!doctype html>
<html>
<head>
<meta charset="utf-8">
<title>无标题文档</title>
<style type="text/css">
</style>
</head>
<body bgcolor="#ADC9FB" text="#0044FF">
<p>三字经</p>
<p>人之初，性本善。性相近，习相远。 <br>
         苟不教，性乃迁。教之道，贵以专。 <br>
         昔孟母，择邻处。子不学，断机杼。 <br>
         窦燕山，有义方。教五子，名俱扬。 <br>
         养不教，父之过。教不严，师之惰。 <br>
         子不学，非所宜。幼不学，老何为。 <br>
         玉不琢，不成器。人不学，不知义。 <br>
</p>
</body>
</html>
```

子任务 2　设置文件头属性

网页中包含一些描述页面中所包含信息的元素,在搜索时可以使用这些信息。通过设置头文件(head)的属性来控制标识页面的方式。

1. 查看和编辑文件头内容

可以使用"查看"菜单、"文档"窗口的"代码"视图或代码检查器查看文档的 head 部分中的元素。

2. 设置页面的 meta 属性

meta 标记是记录当前页面的相关信息(如字符编码、作者、版权信息或关键字)的 head 元素。这个标记也可以用来向服务器提供信息,如页面的失效日期、刷新间隔和 POWDER 等级。(POWDER 是 Web 描述资源协议,它提供了为网页指定等级的方法,如电影等级。)

(1)添加meta标记　执行"插入"→"HTML"→"Meta",在出现的对话框中指定属性值。

（2）可以通过在"代码"视图中或属性检查器中直接输入代码来编辑meta元素。要使用属性检查器编辑meta部分中的元素，请执行以下操作：

1）在 DOM 面板（执行"窗口"→"DOM 面板"）中选择 head 元素。属性检查器会显示选定元素的属性。

2）从 DOM 面板中选择 meta 标签。

3）在属性检查器中指定属性。属性检查器可通过执行"窗口"→"属性"打开。

（3）meta标记属性　按如下方式设置meta标记属性。

1）属性：指定 meta 标记是否包含有关页面的描述性信息（name）或 HTTP 标题信息（http-equiv）。

2）值：指定要在此标记中提供的信息的类型。有些值（如 description、keywords 和 refresh）是已经定义好的，而且在 Dreamweaver 中有它们各自的属性检查器，然而，用户也可以根据实际情况指定任何值，如 creationdate、documentID 或 level 等。

3）内容：指定实际的信息。例如，如果为"值"指定了等级，则可以为"内容"指定beginner、intermediate 或 advanced。

3．设置页面标题

只有一个标题属性：页面的标题。标题会出现在 Dreamweaver 的"文档"窗口的标题栏中；在大多数浏览器中查看页面时，标题还会出现在浏览器的标题栏中。标题还出现在"属性"窗口中。

在文档窗口中指定标题有以下两种方法。

方法一：在"属性"窗口的"标题"文本框中输入标题。

方法二：在代码<title>标签中输入标题。

4．指定页面的关键字

许多搜索引擎装置（自动浏览网页为搜索引擎收集信息以编入索引的程序）读取关键字meta 标记的内容，并使用该信息在它们的数据库中将用户的页面编入索引。因为有些搜索引擎对索引的关键字或字符的数目进行了限制，或者在超过限制的数目时它将忽略所有关键字，所以最好只使用几个精心选择的关键字。

（1）添加关键字meta标记　依次选择"插入"→"HTML"→"Keywords"，在显示的对话框中指定关键字，以逗号隔开。

（2）编辑关键字meta标记　依次选择"窗口"→"DOM"，单击meta，在属性中查看、修改或删除关键字，还可以添加以逗号隔开的关键字。

5．指定页面说明

许多搜索引擎装置读取说明 meta 标记的内容，有些使用该信息在它们的数据库中将用户的页面编入索引，而有些还在搜索结果页面中显示该信息（而不只是显示文档的前几行）。某些搜索引擎限制其编制索引的字符数，因此最好将说明限制为几个字。

（1）添加说明meta标记　依次单击"插入"→"HTML"→"说明"，在显示的对话框中输入说明性文本。

（2）编辑说明meta标记　依次选择"窗口"→"DOM"，单击meta，在属性中查看、修改或删除描述性文本。

6．设置页面的刷新属性

使用刷新元素可以指定浏览器在一定的时间后自动刷新页面，方法是重新加载当前页面或转到不同的页面。该元素通常用于在显示了说明 URL 已改变的文本消息后，将用户从一个 URL 重定向到另一个 URL。

（1）添加刷新meta标记　依次单击"插入"→"HTML"→"Meta"，在显示的对话框中设置刷新meta标记属性。

（2）编辑刷新meta标记　选择刷新meta标记，在属性中设置刷新meta标记属性。

（3）指定刷新meta标记属性方法

1）延迟：在浏览器刷新页面之前需要等待的时间（以秒为单位）。若要使浏览器在完成加载后立即刷新页面，可在该文本框中输入 0。

2）URL 或动作：指定在经过了指定的延迟时间后，浏览器是转到另一个 URL 还是刷新当前页面。若要打开另一个 URL 而不是刷新当前页面，可单击"浏览"按钮，然后浏览要加载的页面并选择它。

7．设置页面的基础 URL 属性

使用 base 元素可以设置页面中所有文档相对路径相对的基础 URL。

（1）添加基础meta标记　依次单击"插入"→"HTML"→"Meta"，在显示的对话框中指定基础meta标记属性。

（2）编辑基础meta标记　选择"基础"meta标记。在属性检查器中指定基础meta标记属性。

（3）指定基础meta标记属性　按如下方式指定基础meta标记属性。

1）href：基础 URL。单击"浏览"按钮浏览某个文件并选择它，或在相应文本框中输入路径。

2）目标：指定应该在其中打开所有链接的文档的框架或窗口。在当前的框架集中选择一个框架，或选择下列保留名称之一。

➢ _blank：将链接的文档载入一个新的、未命名的浏览器窗口。

➢ _parent：将链接的文档载入包含该链接的框架的父框架集或窗口。如果包含链接的框架没有嵌套，则相当于_top；链接的文档载入整个浏览器窗口。

➢ _self：将链接的文档载入链接所在的同一框架或窗口。此目标是默认的，通常不需要指定它。

➢ _top：将链接的文档载入整个浏览器窗口，从而删除所有框架。

8．设置页面的链接属性

使用 link 标记可以定义当前文档与其他文件之间的关系。

注意

head 部分中的 link 标记与 body 部分中的文档之间的 HTML 链接是不一样的。

（1）添加链接meta标记　依次单击"插入"→"HTML"→"Meta"，在显示的对话框中指定链接meta标记属性。

（2）编辑链接meta标记　选择"链接"标记。在属性中指定链接meta标记属性。

（3）指定链接meta标记属性　按如下方式设置链接meta标记属性。

1）href：用户正在为其定义关系的文件的URL。单击"浏览"按钮浏览某个文件并选择它，或在相应文本框中输入路径。注意，该属性并不表示通常意义上的HTML的链接文件；链接元素中指定的关系更复杂。

2）ID：为链接指定一个唯一标识符。

3）标题：描述的是关系。此属性与链接的样式表有特别的关系。

4）rel：指定当前文档与href框中的文档之间的关系。可能的值包括alternate、stylesheet、start、next、prev、contents、index、glossary、copyright、chapter、section、subsection、appendix、help和bookmark。若要指定多个关系，可用空格将各个值隔开。

rev：指定当前文档与href框中的文档之间的反向关系（与rel相对）。其可能值与rel的可能值相同。

学 材 小 结

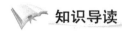 知识导读

本模块主要介绍了HTML、CSS和网页设计的基本操作，重点和难点内容是HTML的语法结构、标记与属性的应用以及CSS样式表的语法、分类及应用。

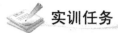 理论知识

1）什么是HTML？HTML文档的基本结构是什么？

2）使用HTML标志时有几种改变文字大小的手段？

3）什么是CSS？它有几种类型？

4）通过页面属性可以设置哪些内容？

5）文件头（head）包含哪些属性？

实训任务

本模块实训全部使用Windows记事本完成。

实训一

【实训目的】

学习用HTML设计一个简单的网页。

【实训步骤】

1）打开记事本。

2）输入网页的基本结构。

3）输入标题为"***的个人网页"（title）。

4）输入不少于 200 字的主体内容（body）。

5）在硬盘中创建一个目录，目录名为自己的姓名，将网页保存为 SX31.html。注意文件的类型。

6）使用 IE 浏览所保存的 SX31.html。

实训二

【实训目的】

学习网页中有关文字的段落及排版设置。

【实训步骤】

1）打开实训一建立的"SX31.html"。

2）将主体内容（body）分成三段，再在第一段前加一个标题"段落设置"，并将该标题设为居中显示。

3）将网页保存为 SX32.html。

4）使用 IE 浏览所保存的 SX32.html。

实训三

【实训目的】

在网页中插入图片。

【实训步骤】

1）打开实训二建立的"SX32.html"。

2）在主体内容中添加一张图片（图片文件存储在以自己姓名命名的文件夹下的 image 子文件夹中）。

3）设置图片格式。

4）将网页保存为 SX33.html。

5）使用 IE 浏览所保存的 SX33.html。

实训四

【实训目的】

在网页中插入列表项。

【实训步骤】

1）打开实训三建立的"SX33.html"。

2）在主体内容中再输入列表项，内容自定。

3）将网页保存为 SX34.html。

4）使用 IE 浏览所保存的 SX34.html。

实训五

【实训目的】

在网页中插入表格。

【实训步骤】

1）打开记事本。

2）输入网页框架结构。

3）在主体部分插入一个用来表示课程表的表格。

4）将网页保存为 SX35.html。

5）使用 IE 浏览所保存的 SX35.html。

实训六

【实训目的】

在网页中插入表格。

【实训步骤】

1）打开记事本。

2）输入网页框架结构。

3）在主体部分输入 5 段文字，分别用来表示实训一～实训五，并设置超链接至 SX31.html～SX35.html。

4）将网页保存为 SX36.html。

5）使用 IE 浏览所保存的 SX36.html。

实训七

【实训目的】

学习 CSS 样式应用。

【实训步骤】

1）打开 Dreamweaver CC，创建新网页。

2）在设计视图输入实例 3-11 中的文字。

3）在代码视图输入实例 3-11 中的 CSS 代码。

4）将网页保存为 SX37.html。

5）使用 IE 浏览所保存的 SX37.html。

实训八

【实训目的】

学习 CSS 样式应用。

【实训步骤】

1）完成实例 3-13。

2）完成实例 3-14。

3）完成实例 3-15。

4）完成实例 3-16。

5）完成实例 3-17。

模块四

插入网页元素及超链接

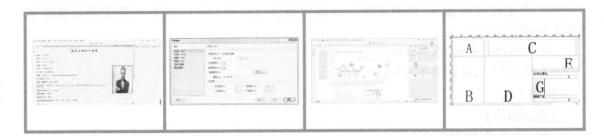

本模块导读

网页是构成网站的基本元素，而文字、图片、多媒体和超链接等又是网页基本的元素。这些基本元素的使用不但是制作网页基本的要求，同时也是创建一个美观、形象和生动网页的基础。通过本模块的学习，用户可以掌握添加和编辑网页中各种元素的方法，以制作出丰富多彩的网页。

本模块要点

- 设置网页的页面属性
- 制作纯文本网页
- 制作图文混排的网页
- 图片在网页中的各种应用方式
- 制作带多媒体效果的动感网页
- 制作带音乐的网页
- 制作带超链接的网页

任务一 设置页面的相关属性

知识导读

网页属性包括网页标题、网页中文本的颜色、网页的背景颜色及背景图片、网页边距等。设置网页属性通过设置"页面属性"对话框完成,另外系统还自带了许多种网页样式,用户也可以直接应用这些样式。

设置页面属性的具体操作步骤如下。

步骤

步骤 1 打开网页。

步骤 2 依次执行"文件"→"页面属性"命令,打开如图 4-1 所示的"页面属性"对话框。在"页面属性"对话框中,左侧显示"分类"列表框,其中包括"外观(CSS)""外观(HTML)""链接(CSS)""标题(CSS)""标题/编码""跟踪图像"6 个项目,右侧区域则显示各分类中可以设置的项目,下面将分别对每个类别进行介绍。

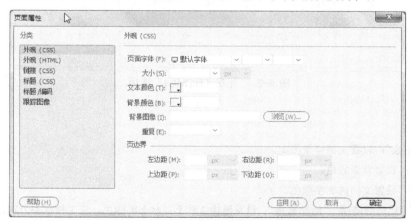

图 4-1 "页面属性"对话框

步骤 3 选择"分类"列表中的"外观(CSS)",右侧出现相关设置选项。

信息卡

1)"页面字体":设置页面文档中默认的文字字体。**B**按钮:加粗设置,可以将页面文字的默认格式设置为粗体。*I* 按钮:倾斜设置,可以将页面文字的默认格式设置为斜体。

2)"大小":设置页面中文字的默认大小。在右边的列表中选择数字或一些标准来表示文字的大小,也可手动输入数字,输入数字后,后面的文字大小、单位列表就会变成可编辑状态。表示数字的单位,可以选择"像素""点数""英寸""厘米""毫米"等。

3）"文本颜色"：设置页面中文字的默认颜色。单击颜色块后，会调出颜色面板，可以从颜色面板中选择一种所需要的颜色，或者在后面的文本框中输入所需要的十六进制颜色值。

4）"背景颜色"：设置当前网页的背景颜色，设置方法同文字颜色的设置方法，调出颜色面板，选择一种颜色，确定后该颜色就会成为整个网页的背景颜色。

5）"背景图像"：设置当前网页的背景图像。可以在文本框中输入作为背景图像的路径和文件名称，也可单击文本框后面的"浏览"按钮，从系统中寻找图像文件作为当前网页的背景图像。

6）"重复"：选择页面背景的多种重复模式。有4种页面背景重复模式可供选择：重复、不重复、水平重复、垂直重复。

7）"左边距""右边距""上边距""下边距"：分别设置当前网页中左、右、上、下边界留出的空白像素数。

步骤4 选择"分类"列表中的"外观（HTML）"选项，如图4-2所示。

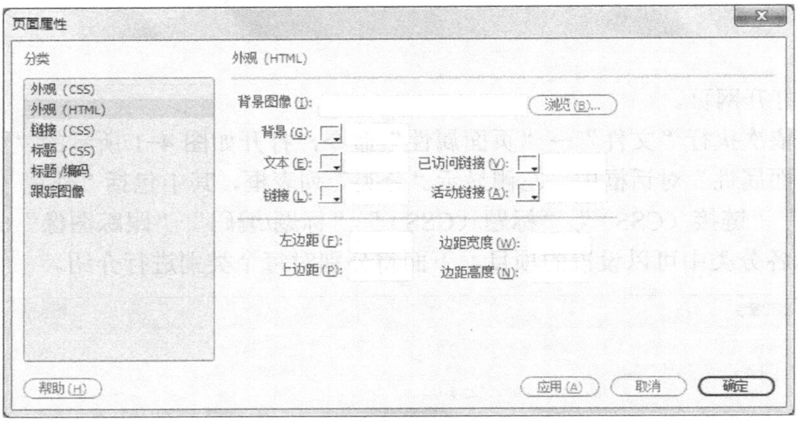

图4-2 "外观（HTML）"选项

信息卡

1）"背景图像"：设置文档背景图案。

2）"背景"：设置背景颜色。

3）"文本"：设置文档内文字颜色。

4）"链接""已访问链接""活动链接"：设置链接3种不同状态的颜色。这3种状态分别是：正常状态、访问过的状态、鼠标单击时的状态。

5）"左边距""上边距""边距宽度""边距高度"：指定body标签中的页边距大小。

步骤5 选择"分类"列表中的"链接（CSS）"选项，如图4-3所示。

信息卡

1）"链接字体"：设置链接文字的默认字体，设置方法与页面字体的设置方法相同。

2）"大小"：设置链接文字的大小，与页面文字的大小设置方法完全相同。

3）"链接颜色""交换图像链接""已访问链接""活动链接"：设置链接4种不同状态的颜色。这4种状态分别是：正常状态、鼠标滑过状态、访问过的状态、鼠标单击时的状态。

4）"下划线样式"：设置链接文字下面的下划线样式。系统提供了 4 种样式，分别是"始终有下划线""始终无下划线""仅在变换图像时显示下划线""变换图像时隐藏下划线"。

步骤6　选择"分类"列表中的"标题（CSS）"选项，如图 4-4 所示。

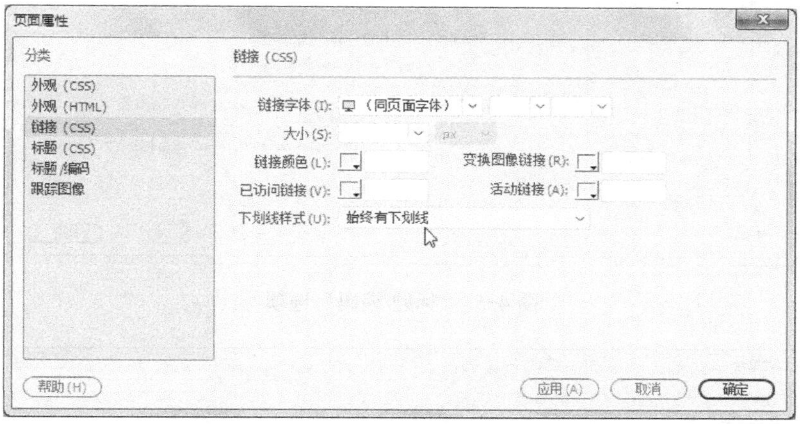

图 4-3　"链接（CSS）"选项

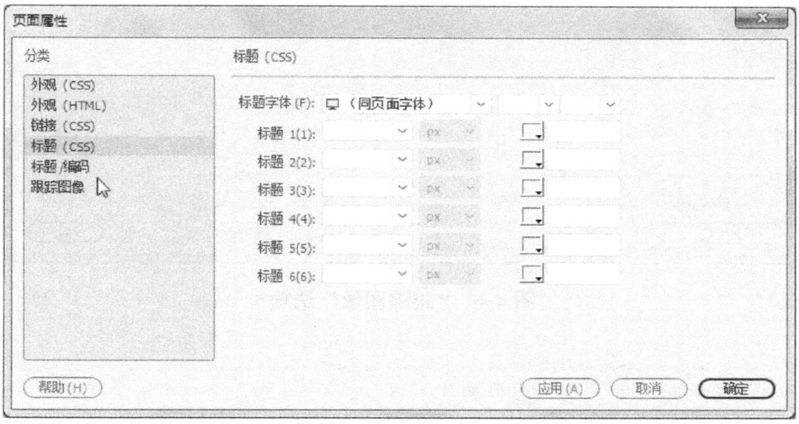

图 4-4　"标题（CSS）"选项

"标题（CSS）"选项可以定义应用在具体文档中各级不同标题上的一种"标题字体"，而不是指页面的标题内容。可以定义"标题字体"及6种预定义的标题字体样式，包括粗体、斜体、大小和颜色等。操作步骤同前面类似，在此不再叙述。

步骤7　在"分类"列表中选择"标题/编码"选项，如图 4-5 所示。

这里的"标题"是页面的标题内容，可输入和首页相关的文字内容，它将显示在浏览器的标题栏中。"编码"即文档编码，可以直接选中"简体中文（GB2312）"。

步骤8　在"分类"列表中选择"跟踪图像"选项，如图 4-6 所示。

"跟踪图像"是用于网页中元素定位的图像，该图像只是在编辑网页时提供参照，起到辅助编辑的作用，最终不会显示在浏览器中，因此，并不能等同于背景图像。

图 4-5 "标题/编码"选项

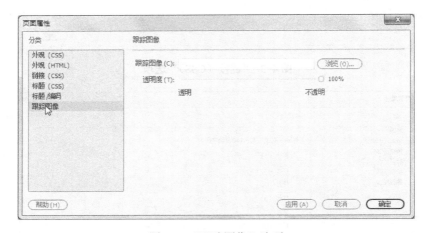

图 4-6 "跟踪图像"选项

选择跟踪图像时，可以单击后面的"浏览"按钮，从系统中寻找图像文件作为跟踪图像。

还可以设置跟踪图像的透明度，滚动条最左端是透明，最右端是不透明，可以用鼠标拖动滑块来进行调整。

任务二　创建基本文本网页

知识导读

　　文字是网页中最基本的信息载体之一，大多数的网页都要通过文字来表现其内容，合理的文本编辑可以丰富网页的内容并增强网页的视觉性。

子任务 1 编辑文本格式

网页中插入文本，一般通过以下两种方式来进行：一种是在网页编辑窗口中直接用键盘输入文本，这是文字输入最基本的方式；另一种是通过复制文本的方式，如果所需要插入的文本在其他的文档中或是网站的页面中，可以直接使用复制功能，将大段的文本内容复制到网页的编辑窗口来进行排版的工作。

现以第一种方式插入文本，制作纯文本网页。

步骤

步骤 1 运行 Dreamweaver CC，在"开始页"中选择"新建"下的"HTML"，新建一个网页文档。

步骤 2 在文档窗口中单击，出现闪烁光标。选择合适的输入法，在光标处输入文字，如图 4-7 所示。

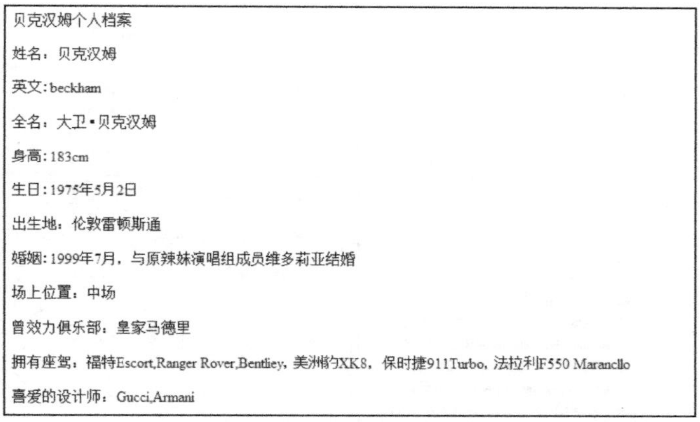

> 贝克汉姆个人档案
>
> 姓名：贝克汉姆
>
> 英文：beckham
>
> 全名：大卫·贝克汉姆
>
> 身高：183cm
>
> 生日：1975年5月2日
>
> 出生地：伦敦雷顿斯通
>
> 婚姻：1999年7月，与原辣妹演唱组成员维多莉亚结婚
>
> 场上位置：中场
>
> 曾效力俱乐部：皇家马德里
>
> 拥有座驾：福特Escort,Ranger Rover,Bentliey, 美洲豹XK8, 保时捷911Turbo, 法拉利F550 Marancllo
>
> 喜爱的设计师：Gucci,Armani

图 4-7 直接输入文字

信息卡

网页中，文本换行按<Shift>+<Enter>组合键，而分段直接按<Enter>键。

换行还可以通过依次单击菜单项"插入"→"HTML"→"字符"→"换行符"来实现。

注意

网页中，空格的输入也很特别。通常情况下，通过键盘只能输入一个空格。如想在网页编辑窗口中输入多个空格有两种方法：

➢ 依次单击菜单项"插入"→"HTML"→"不换行空格"来实现。

➢ 把中文输入法切换到全角模式 ，然后按键盘中的空格键，以此来插入多个空格。

步骤 3 使用属性面板对文字属性进行设置。属性面板一般出现在网页编辑窗口的下方，如图 4-8 所示。如果属性面板没有出现在屏幕上，那么可选择菜单项"窗口"→"属性"使它显示出来。

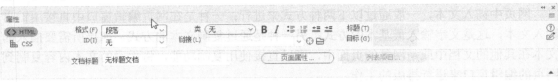

图 4-8 属性面板

选中文字，这里选择"贝克汉姆个人档案"。然后在"字体"下拉列表中选择所需要的字体，如图 4-9 和图 4-10 所示。如果"字体"下拉列表中没有所需要的字体，可选择"管理字体"，弹出对话框如图 4-11 所示，从"可用字体"下拉列表框中选择想要的字体，再单击旁边的图标按钮（<< ），然后单击"完成"按钮，该字体就加入到属性面板的字体列表中了。

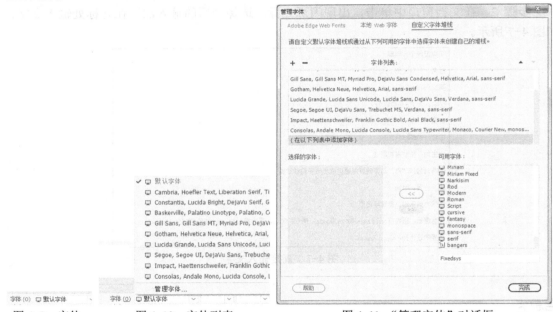

图 4-9 字体　　　图 4-10 字体列表　　　　　图 4-11 "管理字体"对话框

此处把网页中的"贝克汉姆个人档案"文字设为"华文行楷"字体，以下文字也设置相应字体，如图 4-12 所示。

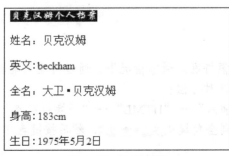

图 4-12 设置字体

注意

为了保持网络中显示的兼容性，字体还是推荐"默认字体"。最好不要用不常用字体，以免不能正常显示。

步骤 4 设置文字字号。选择文字后，在"大小"下拉列表中可以选择常用的字号大小。数字越大，文字显示越大；反之则越小。还可以在文本框中输入自己想要的字号。选择字号后，右侧的下拉列表变成可编辑状态，用户可以从中选择字号的单位。"像素（px）"和"点数（pt）"是较为常用的单位，如图 4-13 所示。

接上例，把标题"贝克汉姆个人档案"设为 36 像素，其他文字设为 18 像素，如图 4-14 所示。

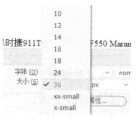

图 4-13　字号　　　　　　　　　　　图 4-14　设置字号

步骤 5 设置文字颜色。选择要改变颜色的文本，单击属性面板中的图标按钮 □，会显示颜色面板，如图 4-15 所示，选中大体色块后，按住鼠标左键不放，在调色板上选定颜色。

步骤 6 设置文字粗体、斜体的图标为 **B** *I*（用法同 Word）。对上例中的文本进行字体、字号、颜色及粗体设置，如图 4-16 所示。

图 4-15　文本颜色　　　　　　　　　图 4-16　文本设置效果图

步骤 7 依次执行"文件"→"保存"命令，将文件保存。

子任务 2　编辑段落格式

本例通过对段落格式的设置，继续完成上例中纯文本网页的制作。编辑段落格式的步骤如下（本例保存在配套素材中的"module04\4_2"文件夹中）。

步骤

步骤 1 设置文字对齐方式。在属性面板中可以设置 4 种文本段落的对齐方式，如图 4-17 所示，从左至右分别为"左对齐""居中对齐""右对齐"和"两端对齐"。设置对齐时，将光标放在某一个段落中或选择需要设置的多个段落，单击属性面板中的某一个对齐按钮即可。上例中标题居中，其他左对齐，网页中的效果如图 4-18 所示。

贝克汉姆个人档案

姓名：贝克汉姆

英文：beckham

全名：大卫·贝克汉姆

身高：183CM

生日：1975年5月2日

出生地：伦敦雷顿斯通

婚姻：1999年7月，与原辣妹演唱组成员维多利亚结婚

场上位置：中场

曾效力俱乐部：皇家马德里

拥有座驾：福特Escort, Ranger Rover, Bentliey, 美洲豹XK8, 保时捷911Turbo, 法拉利F550 Maranello

图 4-17　对齐方式　　　　　　　　图 4-18　设置对齐方式效果图

步骤 2 加入项目列表和编号。选中文本段落并右键单击该文本，在弹出的快捷菜单中依次选择"列表"→"项目列表"即可加入项目列表；若选择"编号列表"，即可加入编号列表。注意，开始只显示第一段落的编号，需要将鼠标在每段落起始位置单击左键后，才显示随后的编号，项目列表也是同样的方法。网页中的实际效果如图 4-19 所示。

步骤 3 调整文字缩进。在网页中为了区分段落，可以使用属性面板中的"文本凸出"和"文本缩进"操作。选中文本段落并右键单击选中段落，在弹出的快捷菜单中依次选择"列表"→"凸出"，即可使段落文本向左侧凸出一级；依次选择"列表"→"缩进"，即可向右侧缩进一级。文本缩进在网页中的实际使用效果如图 4-20 所示。

图 4-19　设置项目列表及编号效果图

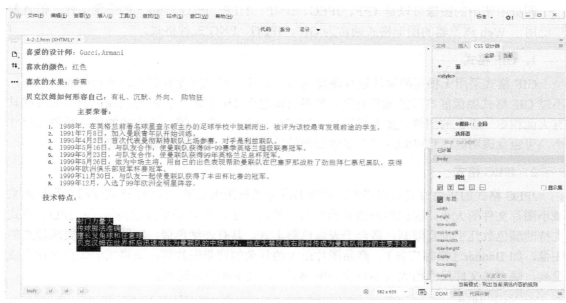

图 4-20 设置文字缩进效果图

步骤 4 依次执行"文件"→"保存"命令，保存文件。

任务三　创建基本图文混排网页

知识导读

　　一个仅有文本的网页不会引起浏览者的好奇。不难发现，网络上的大多数网页都是由图像和多媒体来点缀整个页面。因为图像和多媒体直观和生动，不受语言、地域等差异限制，使得网页能被更多浏览者关注并接受。合理地使用图像，可以让网页看起来更加美观、赏心悦目，更加充满生命力。

子任务 1　了解网页中常用的图像格式

　　图像与文本的巧妙结合可以提升网页的美观性，从而吸引更多人的关注。此外，网页文件的大小，也影响着网页被关注的程度。如果网页太大，在浏览的过程中用户会失去等待的耐心，无论网页多么精彩，用户都会放弃它。而网页的大小关键就在于网页中图像的大小。因此，处理图像时要尽可能使其变得更小，使它能够在狭窄的网络带宽中快速传递，但质量又不能太差，要显示它应有的效果。这就要求设计者既要选择合适的图像格式，又要进行相应的调整。

网页中使用的图像可以是 GIF、JPEG、BMP、TIFF、PNG 等格式的图像文件，但目前广泛用于 Web 浏览器的图形格式通常为 GIF、JPEG、PNG 三种格式。

1. GIF 格式

GIF 格式采用无损压缩算法进行图像的压缩处理，可以方便地解决跨平台的兼容问题；不过 GIF 格式图像能显示的颜色有限，最多只能包含 256 种颜色；适合表现色调不连续或具有大面积单一颜色的图像，如导航图片、LOGO（标识）图片等；该格式的优点是图像尺寸小，可包含透明区，且可制成包含多幅画面的简单动画，缺点是图像质量稍差。

2. JPEG 格式

JPEG 格式的压缩方式是有损的，是静态图像数据压缩标准。JPEG 格式使用有损压缩来减小图片文件的大小，因此用户将看到随着文件的减小，图片的质量也降低了；JPEG 格式支持的颜色数几乎没有限制；适合于表现色彩丰富，具有连续色调，对图像品质要求较高的图像，如 Banner（横幅广告）、商品图片或大的复杂的背景图片等；该格式的优点是图像质量高，缺点是文件尺寸稍大（相对于 GIF 格式），且不能包含透明区。

3. PNG 格式

PNG 格式是一种替代 GIF 格式的无专利权限的格式；PNG 格式适于任何类型、任何颜色深度的图片，包括对索引色、灰度、真彩色图像以及 alpha 通道透明的支持；PNG 格式集 JPEG 和 GIF 两种格式的优点于一身，既能处理照片式的精美图像，又能包含透明区域，且可以包含图层等信息，是 Firework 的默认图像格式。

子任务 2 插入图像及设置

本例结合任务二中的纯文本网页，利用插入图像工具及图像属性的设置制作"图文混排网页"。下面是插入图像及设置的步骤，所用素材在"module04\4_3"文件夹中。

步骤

步骤 1 执行"文件"→"打开"命令，打开 module04\4_3\4_3_1.htm。

步骤 2 将光标放在要插入图像的位置，单击插入栏中的"Image"选项，如图 4-21 所示。

信息卡

上述插入图像过程也可通过执行菜单栏中的"CSS设计器"→"HTML"→"图像"命令来实现，在此不进行详述。

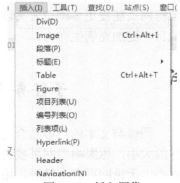
图 4-21 插入图像

步骤 3 单击后弹出"选择图像源文件"对话框，选择 images 文件夹中的"picture.jpg"，如图 4-22 所示。

图 4-22　"选择图像源文件"对话框

步骤 4　单击"确定"按钮，将图像插入到网页中。

步骤 5　插入图像后，通过"属性"面板进行设置。在编辑窗口中选中该图像，展开"属性"面板，如图 4-23 所示。

图 4-23　图像"属性"面板

图像"属性"面板的参数如下。

1）图像：右侧数字代表所选图像大小，下方的文本框可输入所选图像名称，以便于在使用行为和脚本语言时引用该图像。

2）"宽"和"高"：设置页面中选中图像的宽度和高度。默认情况下，单位为"像素"。

3）"源文件"：指定图像的源文件。在该文本框中可以输入图像的源文件位置，也可以单击后面的文件夹图标按钮，直接选择图像文件的路径和文件名。

4）"链接"：在该文本框中可以输入图像的链接地址，也可以单击后面的文件夹图标按钮，直接选择网站中的文件。

5）"替换"：在该文本框中可以输入图像的说明文字。

6）"编辑"：右侧提供的一系列按钮，可用于对图像进行编辑。

➢ 　：使用外部编辑软件进行图像的编辑操作。

➢ 　：用于修剪图像大小，拖动裁切区域的角点至合适的位置，按<Enter>键即可完成操作，它可以切割图像区域并替换原有图像。

➢ 　：重新取样图标按钮，图像经过编辑后，单击该图标按钮可以重新读取图片文件的信息。

➤ ⬤：设置图像亮度和对比度。单击该图标按钮后，通过对话框中滑块的拖动可以调整图像的亮度和对比度。

➤ △：调整图像的清晰度，从而提高边缘的对比度，使图像更清晰。

7）"地图"：可以创建图像热点区域，同时下方提供了 3 种创建热点区域的工具。

8）"垂直边距"和"水平边距"：设置图像在垂直方向和水平方向上的空白间距，如图 4-24 所示，水平间距和垂直间距分别是 0 和 0；如图 4-25 所示，水平间距和垂直间距分别是 50 和 50。

图 4-24　0 边距图像

图 4-25　垂直、水平间距都是 50 的图像

9）"目标"：设置链接文件显示的目标位置。

10）当右键单击目标图像时，可选"对齐"项，它表示设置的是一行中图像和文本的对齐方式。

步骤 6　在"module04\4_3\4_3_1.htm"中设置图像属性，调整图像大小，设置图像对齐方式为"右对齐"。保存并按<F12>键在浏览器中预览，效果如图 4-26 所示。

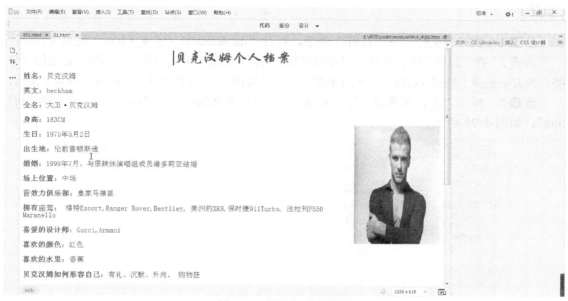

图 4-26　图文混排效果图

信息卡

更改图像大小可以通过修改"属性"面板的"宽""高"来改变，也可以直接用鼠标拖动备选图像的控制点来改变。拖动图像右侧控制点，可以调整图像宽度；拖动图像上边控制点，可以调整图像高度；拖动图像右下角控制点可以实现图像的等比例缩放。

任务四　图像在网页中的应用

知识导读

在网页中，图像不仅可以作为单独的页面元素来美化页面效果，还可以将图像设置为背景图像、跟踪图像、鼠标经过图像、导航条等。下面具体讲述图像在网页中的几种应用方式。

子任务 1　设置网页背景图像

将图像设置为网页的背景，可以实现在图像上添加文本、图像、表格等其他对象的效果。设置网页背景图像步骤如下。

步骤

步骤 1 执行"文件"→"打开"命令，打开"module04\4_4\4_4_1.htm"网页文件。

步骤 2 在"属性"面板中单击"页面属性"按钮，弹出"页面属性"对话框，在左侧"分类"列表中选择"外观（CSS）"，如图 4-27 所示，然后单击"背景图像"后面的"浏览"按钮。

步骤 3 弹出"选择图像源文件"对话框，选择网页图像文件夹"images"中的文件"bj3.jpg"，如图 4-28 所示。

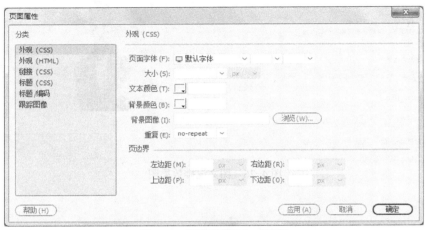

图 4-27 "页面属性"对话框

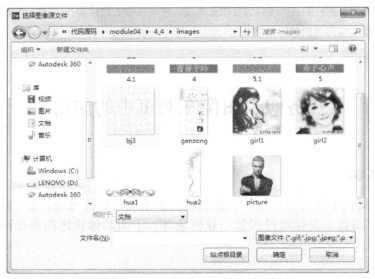

图 4-28 "选择图像源文件"对话框

步骤 4 返回"页面属性"对话框，在选项"重复"的下拉列表中选择"重复"，单击"确定"按钮，完成设置。

步骤 5 另存文件为 4_4_2.htm，按<F12>键预览，网页背景图像在浏览器中显示，如图 4-29 所示。

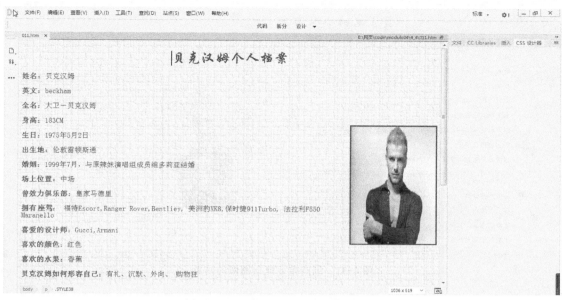

图 4-29　浏览器中带背景图像的网页

信息卡

　　"重复"下拉列表中有"不重复""重复""横向重复""纵向重复"4种选择。图4-30为背景图像选择"hua1.gif""横向重复"后所得网页；图4-31为背景图像选择"hua2.gif""纵向重复"后所得网页。

图 4-30　横向重复背景图像的网页

图 4-31　纵向重复背景图像的网页

子任务 2　制作跟踪图像

跟踪图像是用于辅助完成网页布局的，通常会将网页的平面效果图作为跟踪图像。跟踪图像在浏览器中并不显示，只是网页制作的参照物。

步骤

步骤 1　执行"文件"→"新建"命令，新建一个空白文档。

步骤 2　执行"文件"→"页面属性"→"跟踪图像"→"浏览"命令。

步骤 3　弹出"选择图像源文件"对话框，选择 images 文件夹下的 genzong.jpg 文件，如图 4-32 所示，然后单击"确定"按钮。

步骤 4　弹出"页面属性"对话框，拖动"透明度"的滑块到"50%"，如图 4-33 所示。

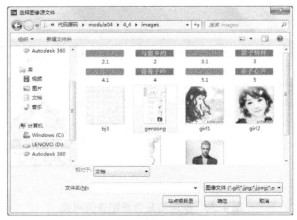

图 4-32　"选择图像源文件"对话框

图 4-33　设置跟踪图像透明度

　注意

可根据图像本身颜色来自行设置跟踪图像透明度，通常将跟踪图像透明度设置为"50%"以下，以防影响网页设计时的效果。

步骤 5　单击"确定"按钮，完成设置，页面效果如图 4-34 所示。

图 4-34　跟踪图像页面效果

步骤 6　执行"文件"→"保存"命令，将网页保存为 4_4_3.htm。按<F12>键预览，可以发现浏览器中并没有显示设置的跟踪图像。

步骤 7　设置跟踪图像的位置。执行"查看"→"设计视图选项"→"跟踪图像"→"调整位置"命令，弹出"调整跟踪图像位置"对话框，设置"X"和"Y"的值均为"0"，单击"确定"按钮完成设置，如图 4-35 所示。

图 4-35　"调整跟踪图像位置"对话框

步骤8　设置跟踪图像在编辑网页时是否显示。执行"查看"→"设计视图选项"→"跟踪图像"→"显示"命令，"显示"菜单前有"√"说明可在编辑网页时显示，否则不显示。通常都将其设置为显示，以便起到参照的效果。

子任务3　制作鼠标经过图像

网页中经常可以看到这种效果：当鼠标滑过页面中某一图像时，该图像就会变成另一幅图像，当鼠标离开后，又恢复成原来的图像。这种图像通常称为"鼠标经过图像"。

鼠标经过图像实际上由两个图像组成：一个是"主图像"，就是首次载入页面时显示的图像；另一个是"次图像"，就是当鼠标指针移过主图像时显示的图像。

注意

"鼠标经过图像"中的这两个图像应该大小相等。如果这两个图像的大小不同，系统会自动调整第二幅图像，使其与第一幅图像相匹配。

本节通过一个具体的制作过程来介绍"鼠标经过图像"的相关操作。

步骤

步骤1　执行"文件"→"新建"命令，新建网页文件。

步骤2　选择菜单项"插入"→"HTML"→"鼠标经过图像"命令。

步骤3　弹出"插入鼠标经过图像"对话框，单击"原始图像"后面的"浏览"按钮，选择 images 文件夹中的"girl1.jpg"；再单击"鼠标经过图像"后面的"浏览"按钮，选择 images 文件夹中的"girl2.jpg"，设置"替换文本"为"卡通美女"，如图 4-36 所示。

图 4-36　"插入鼠标经过图像"对话框

步骤4　单击"确定"按钮，完成设置。

步骤5　保存网页文件为 4_4_4.htm，按<F12>键预览网页，将鼠标移动到"鼠标经过图像"，图像就发生变化，如图 4-37 所示。鼠标离开，图像恢复到原来状态，如图 4-38 所示。

图 4-37　鼠标经过图像

图 4-38　鼠标离开图像

信息卡

1）"图像名称"：为鼠标经过图像命名。本例中默认名称为 Image1。

2）"原始图像"：页面打开时显示的图像，也就是"主图像"。

3）"鼠标经过图像"：鼠标经过时显示的图像，也就是"次图像"。

4）"预载鼠标经过图像"：即使鼠标还未经过"鼠标经过图像"，浏览器也会预先载入"次图像"到本地缓存中。这样当鼠标经过"鼠标经过图像"时，"次图像"会立即显示在浏览器中，而不会出现停顿的现象，这样就加快了网页浏览的速度。

5）"替换文本"："鼠标经过图像"的说明文字，当鼠标经过当前图像时，在旁边显示的提示文字。

6）"按下时，前往的 URL"：单击图像时跳转到的链接地址。

信息卡

"鼠标经过图像"的功能通常应用在链接的按钮上，根据按钮的样子的变化，来使页面看起来更加生动，并且提示浏览者单击该按钮可以链接到另一个网页。

子任务 4　图像作为导航条

导航条一般位于页面上方或左方，其作用相当于一本书的目录，利用导航条可以方便浏览者对页面内容进行查看。导航条可以是纯文本的，也可以将图片制作成导航条，这样使页面效果更加美观、生动。

步骤

步骤 1　依次执行"文件"→"新建"命令，新建一个空白文档。

步骤 2　将光标置于文档窗口中，选择菜单项"插入"→"HTML"→"鼠标经过图像"命令，如图 4-39 所示。

图 4-39 "插入鼠标经过图像"对话框

步骤 3 单击"原始图像"后的"浏览"按钮，选择本章节素材中的 images 文件夹里的 2.1.jpg 文件。

步骤 4 单击"鼠标经过图像"后的"浏览"按钮，选择本章节素材中的 images 文件夹里的 2.jpg 文件。

步骤 5 在"替换文本"文本框中输入"与您相约"。

步骤 6 单击"确定"按钮，继续添加其他导航条元件。具体步骤与添加的第一个元件类似，这里不再赘述。

步骤 7 保存文件（本例保存为本章节文件夹下的"daohang.html"文件名），按<F12>键，在浏览器中浏览，效果如图 4-40 所示。

图 4-40 设置"导航条"的网页效果图

注意

一个网页只能包含一个导航条，如需修改导航条，可执行右击图片，选择"属性"命令。

任务五 插入多媒体内容

知识导读

多媒体技术是当今 Internet 持续流行的一个重要动力。因此，对网页设计也提出了更高的要求。在 Dreamweaver CC 中，可以快速、方便地为网页添加声音、影片等多媒体内容，使网页更加生动，还可以插入和编辑多媒体文件和对象，如 Flash 动画、Java Applets、ActiveX 控件等。

子任务 1 插入 Flash 对象

目前，Flash 动画是网页上最流行的动画格式，大量用于网页中。在 Dreamweaver 中，Flash 动画也是最常用的多媒体插件之一，它将声音、图像和动画等内容加入到一个文件中，并能制作较好的动画效果，同时还使用了优化的算法将多媒体数据进行压缩，使文件变得很小，因此，非常适合在网络上传播。

下面是插入 Flash 对象的步骤（本任务中所用素材在"module04\4_5"文件夹中）：

步骤

步骤 1 执行"文件"→"新建"命令，新建一个空白文档。

步骤 2 将光标置于要插入 Flash 的地方，单击"插入"栏"HTML"类别中的"Flash SWF"，如图 4-41 所示。

步骤 3 弹出"选择 SWF"对话框，选择本章节素材文件夹中 images 文件夹下的 bg.swf 文件，如图 4-42 所示。

图 4-41　插入 Flash

图 4-42　选择 Flash 文件

步骤 4 单击"确定"按钮，Flash 对象插入完成。

步骤 5 保存文件（本例保存为本章节文件夹下的"flash.html"文件名），按<F12>键，在浏览器中浏览，效果如图 4-43 所示。

图 4-43 插入 Flash 的网页

子任务 2 设置 Flash 对象属性

在编辑窗口中单击 Flash 文件，可以在属性面板中设置该文件的属性，如图 4-44 所示。

图 4-44 Flash 属性面板

Flash 属性面板参数设置（与"图像"重复的属性略）如下。

1）"循环"：设置影片在预览网页时自动循环播放。

2）"自动播放"：设置 Flash 文件在页面加载时就播放，建议选中。

3）"品质"：在影片播放期间控制失真度。

➢ "低品质"：更看重速度而非外观。

➢ "高品质"：更看重外观而非速度。

➢ "自动低品质"：首先看重速度，但如有可能则改善外观。

➢ "自动高品质"：首先看重品质，但根据需要可能会因为速度而影响外观。

4）"比例"：设置 Flash 对象的缩放方式。可以选择"默认（全部显示）""无边框""严格匹配"3 种。

5）"参数"：打开"参数"对话框，为 Flash 文件设定一些特有的参数。

子任务 3 网页中插入影片

<video>是 HTML 5 中的新标签，其作用是在 HTML 页面中嵌入视频元素。HTML 片段会显示一段嵌入网页的 ogg、mp4 或 webm 格式的视频，且必须把视频转换为很多不同的格式，<video>元素在老式浏览器中是无效的。

步骤

步骤 1 执行"文件"→"新建"命令，新建一个空白文档。

步骤 2 将光标置于要插入影片的地方，单击"插入"栏"HTML"类别中的"HTML5 Video"，如图 4-45 所示。

步骤 3 在光标位置上出现 Video 播放器，如图 4-46 所示。

步骤 4 在编辑窗口中单击 Video 播放器，可以在属性面板中设置该文件的属性。

步骤 5 在"属性"对话框中的 源   ⊕ ▭ ，选择相应的视频文件，保存文件，按<F12>键，在浏览器中浏览。

图 4-45 插入 HTML5 Video   图 4-46 插入 HTML5 Video

任务六 创建背景音乐

知识导读

　　背景音乐能营造一种气氛，现在很多网站管理者为突出自己的个性，都喜欢添加自己喜欢的音乐。现为本素材文件夹中的"paipai.html"网页文档添加背景音乐。

　　下面是创建背景音乐的步骤（此任务中所用素材在"module04\4_6"文件夹中）。

步骤

　　步骤 1　执行"文件"→"打开"命令，打开"paipai.html"网页文档。

　　步骤 2　将光标置于页面，单击"插入"栏"HTML"类别中"插件"选项，如图 4-47 所示。

　　步骤 3　弹出"选择文件"对话框，选择"images\lmmw.mp3"文件，单击"确定"按钮，背景音乐插入完成，如图 4-48 所示。

　　步骤 4　保存文件（本例保存为"paipaiyinyue.html"文件名），按<F12>键，在浏览器中浏览，页面加载后会听到音乐，并且页面上会有一个播放条。

图 4-47　选择"插件"选项　　　　　图 4-48　插入音乐

信息卡

　　如果想去掉页面中的播放条，可在属性面板中设置。单击"属性"面板中"参数"按钮，在弹出的对话框中添加新参数"HIDDEN"，设置其值为"TRUE"。再次按<F12>键进行预览，可发现页面上没有了播放条。

任务七　使用超链接

　知识导读

　　超链接是 Web 的精华，是网页中最重要、最根本的元素之一。超链接能够使多个孤立的网页之间产生一定的相互联系，从而使单独的网页形成一个有机的整体。超链接作为网页间的桥梁，起着相当重要的作用。

子任务 1　关于超链接的基本概念

1．什么是超链接

　　超链接是"超文本链接"的缩略语，是一个专用术语，用于描述 Internet 上的所有可用信息和多媒体资源。超链接也可看成是从源端点到目标端点的一种跳转。通过这种跳转把 Internet 上众多的网站和网页联系起来，构成一个有机的整体，浏览者才能在信息海洋中尽情遨游。

2．超链接的分类

　　按照链接路径的不同，网页中超链接一般分为以下 3 种类型：

　　1）内部链接：链接目标是位于本站点中的文档，利用内部链接可以跳转到本站点中的其他页面上。

　　2）外部链接：链接目标是位于本站点之外的站点或文档，利用外部链接可以跳转到本站点外的其他网站的页面上。

　　3）局部链接：链接目标是位于文档中的命名锚，利用局部链接可以跳转到文档中的某个指定位置。

　　按照使用对象的不同，网页中的链接又可以分为：文本超链接、图像超链接、E-mail 链接、锚点链接、多媒体文件链接、空链接等，将在下面的"子任务 3"中详细介绍。

3．链接路径

　　每个网页都有一个唯一的地址，称为统一资源定位器（URL），它用于指定欲取得 Internet 上资源的位置与方式。例如，中国教育和科研计算机网地址"http://www.edu.cn"。但当创建一个网站的内部链接时，只需指定相对于当前网页或站点的一个相对路径即可。下面具体讲解路径的三种表示方法。

1）绝对路径：是一个完整的 URL 地址，通常使用"http://"来链接网页。外部链接只能采用绝对路径。

2）根目录相对路径：站点上所有可以为公众查看的文件都包含在站点根目录下。根目录相对路径以斜线"/"开头，如"4_5/index.htm"表示链接到位于站点根目录下的"4_5"文件夹中名为"index.htm"的文件。使用根目录相对路径作为链接，即使站点移动也不影响链接的正常运行。

3）文档相对路径：文档相对路径是指和当前文档所在文件夹相对的路径。可以以"../"开头。例如，若"index.htm"代表当前文件夹中的一个指定文档，则"../index.htm"代表包含在当前文件夹上一层文件夹中的指定文档。文档相对路径常常是用来链接同当前文档处于同一文件夹中的文件的最简捷路径。

子任务 2　创建超链接的方法

创建超链接的方法有很多种，下面就是各种方法的创建步骤（本任务中所用素材在"module04\4_7"文件夹中）：

步骤

方法一：使用菜单命令

步骤 1　在文档窗口中选取要设置超链接的对象（文字、图像等）。

步骤 2　执行"插入"→"超级链接"命令。

步骤 3　弹出"超级链接"对话框，如图 4-49 所示，可根据链接的目标进行相关参数设置，单击"确定"按钮，超链接即可添加成功。

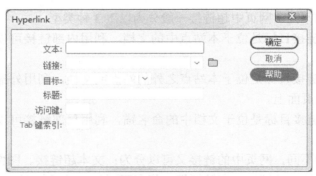

图 4-49　"超级链接"对话框

方法二：在"属性"面板中添加

步骤 1　在文档窗口中选取要设置超链接的对象（文字、图像等）。

步骤 2　展开"属性"面板，如图 4-50 所示，单击"链接"文本框右侧的图标按钮🗁。

图 4-50 "属性"面板

步骤 3 弹出"超级链接"对话框，选择链接的目标文件，单击"确定"按钮，超链接即可添加成功。

方法三：直接拖动创建超链接

步骤 1 选取要设置超链接的对象。

步骤 2 在"属性"面板中，拖拽⊕文件图标到要链接的文件，如图 4-51 所示，创建链接成功。

图 4-51 直接拖动创建超链接

信息卡

超链接设置成功后，"属性"面板中的"目标"框变为可用状态。"目标"列表的参数如下。

➤ _blank：将目标文件载入到新的未命名浏览器窗口中。

➤ _parent：将目标文件载入到父框架集或包含该链接的框架窗口中。

➤ _self：将目标文件载入与该链接相同的框架或窗口中。

➤ _top：将目标文件载入到整个浏览器窗口并删除所有框架。

_parent、_self、_top只有在使用框架页面时才有效。

子任务 3　创建各种类型的链接

1. 创建图片热点链接

热点链接是针对图像而言的，利用它可以为一幅图像的不同区域添加不同的超链接。要为图像添加热点链接，可以使用图像属性面板中的地图组合按钮。

步骤

步骤 1　在网页中插入一个图像，然后用鼠标选中该图像。

步骤 2　选择"属性"面板左侧"地图"选项中的"矩形热点工具"，如图 4-52 所示。

步骤 3　在图像左上端拖动鼠标，绘制一个矩形区域，然后释放鼠标，即画出了一个"矩形热点区域"，如图 4-53 所示。

图 4-52　地图　　　　　　　　　　　图 4-53　绘制图像矩形热点区域

步骤 4　绘制完矩形区域后，"属性"面板就会显示和当前链接区域有关的项目，如图 4-54 所示，在此可设置相应的内容。

图 4-54　图像的"热点区域"属性面板

步骤 5　在图像上还可继续绘制圆形热点区域和多边形热点区域，并为每个热点区域设置链接的目标文件及链接方式。

步骤 6　保存并预览网页，将鼠标放在图片的"热点区域"上，鼠标会变成手形，单击热点区域，页面会跳转到相应的页面。

2. 创建锚记链接

有时一个网页拥有很多的内容，这将使滚动条变得很长，浏览时频繁地使用鼠标会不太方便。这里介绍一种称为"命名锚记"的链接，当它被单击时，页面立即跳转到指定的位置上，便于浏览者查看。

创建"命名锚记"的步骤如下。

步骤

步骤 1　链接"命名锚记"：在网页编辑窗口中，插入并选中要链接到"命名锚记"的文字或其他对象。本例中选择页面上端的"技术特点"文本。

步骤 2　在"属性"面板的"链接"文本框内输入"#锚记名称"，本例为"#jstd"，如

图 4-55 所示。

图 4-55 设置锚记链接

步骤 3 锚记标记已经插入到该文字位置上了，如图 4-56 所示，这个位置就是当命名锚记产生链接作用时，网页所要跳转到的地方。

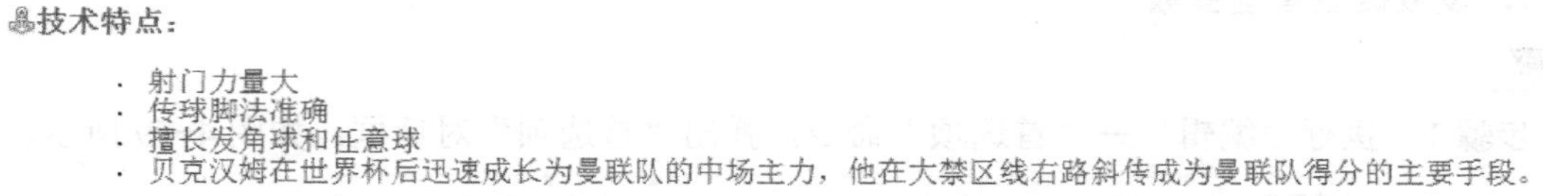

技术特点：
- 射门力量大
- 传球脚法准确
- 擅长发角球和任意球
- 贝克汉姆在世界杯后迅速成长为曼联队的中场主力，他在大禁区线右路斜传成为曼联队得分的主要手段。

图 4-56 添加的锚记

3．创建邮件链接

邮件链接是指当单击该链接时，不是打开网页文件，而是启动用户的 E-mail 客户端软件（如 Outlook Express），并打开一个空白的新邮件，让用户撰写邮件，这是一种非常方便的互动方式。

步骤

步骤 1 执行"文件"→"打开"命令，打开"lianjie.htm"网页文档。

步骤 2 将光标置于网页中需要插入 E-mail 链接的位置，单击"插入"栏"常用"类别中左侧第 2 个"电子邮件链接"图标按钮 。

步骤 3 在弹出的"电子邮件链接"对话框（如图 4-57 所示）中，在"文本"文本框中输入链接的文字，本例中输入"联系我们"；在"电子邮件"文本框中输入要链接的邮箱地址。

步骤 4 单击"确定"按钮，具有"邮件链接"属性的文本就会插入到光标所在的位置。

步骤 5 保存文件（本例保存为本章节文件夹下的"lianjie.htm"文件名），按<F12>键，在浏览器中浏览。单击该邮件链接文字就会弹出如图 4-58 所示的对话框，此时即可进行邮件发送操作。

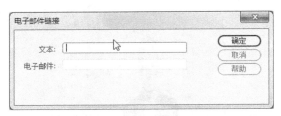

图 4-57　设置邮件链接

图 4-58　启动邮件编辑器

子任务 4　管理超链接

当对含有超链接的文档进行移动、删除、复制等操作时，原有的链接会发生改变。因此，当链接创建好后，还需对链接进行管理，以此保证链接的正确性。

1. 设置链接管理参数

步骤

步骤 1　执行"编辑"→"首选项"命令，弹出"首选项"对话框，如图 4-59 所示。

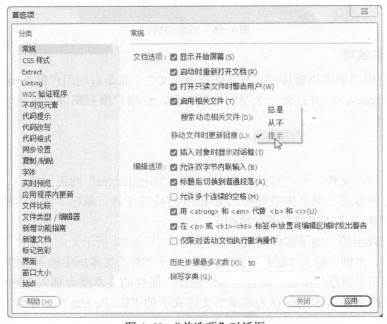

图 4-59　"首选项"对话框

步骤2 在"分类"列表中选择"常规"选项。

步骤3 在"移动文件时更新链接"下拉列表中选择合适的选项。

信息卡

"移动文件时更新链接"列表包含如下选项。

➢ "总是"：当本地站点中的文档被重命名或移动时，将自动对文档中的链接进行相应的更新。

➢ "从不"：当本地站点中的文档被重命名或移动时，不对文档中的链接进行相应的更新。

➢ "提示"：当本地站点中的文档被重命名或移动时，将弹出一个提示框询问是否进行相应的更新。

"提示"是系统默认的设置。

2. 更新链接

当网页中的超链接创建好之后，在网页或对象发生变化时，经常需要进行修改。改变超链接有以下两种方法。

方法一：在"属性"面板中删除链接栏的内容，用前面讲过的方式重新创建超链接。

方法二：在"文件"面板中，用鼠标拖动文件到其他位置。当要移动文件到其他位置时，系统默认情况下会弹出如图4-60所示的"更新文件"对话框。单击"更新"按钮可对移动文件之后的链接进行更新，如果仍然想使原来的链接生效，单击此按钮即可。单击"不更新"按钮可对移动文件之后的链接不进行更新，选择此项目，相应的链接在浏览时就会失去效果。

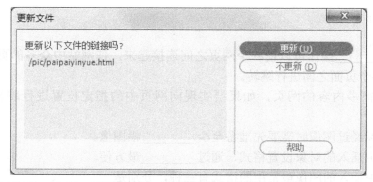

图4-60 "更新文件"对话框

3. 删除链接

删除超链接通常有以下两种方法。

方法一：选择需要删除的超链接对象，在"属性"面板中将"地址"文本框中的地址删除。

方法二：在网页中选择需要删除的超链接的对象，用鼠标右键单击，在弹出的快捷菜单中选择"移除链接"命令即可。

学 材 小 结

 知识导读

本模块主要介绍了在网页中添加各种基本元素的方法，并通过案例详细讲解了页面属性的设置方法、网页中添加并编辑文本元素的方法、图像在网页中的各种使用方式、添加并编辑各种多媒体对象的方法以及网页中各种链接形式的创建方式等内容。

理论知识

1. 判断题

1）在网页中插入图像时，该图像必须要复制到站点目录中。 （ ）

2）设置字体时，如果没有所需要的中文字体，可以使用"编辑字体列表"进行添加。

（ ）

3）网页属性中的背景图像和跟踪图像非常类似，可以互相取代使用。 （ ）

4）在网页中插入的图像可以在 Dreamweaver 中进行简单的编辑操作。 （ ）

5）在一个网页中，可以插入多个导航条。 （ ）

6）在网页中编辑对象时，如果"属性"面板被隐藏了，可以选择"查看"→"属性"命令来打开"属性"面板。 （ ）

7）在网页中插入的 Flash 影片可在编辑状态下进行播放，也可以在编辑状态下修改影片文件。 （ ）

2. 填空题

1）通过_____操作可以使各个网页之间连接起来，使网站中众多的页面构成整体，访问者可以在各个页面之间进行跳转。

2）一个有很多内容的网页，如果要实现向网页中的指定位置进行跳转，需要设置_____链接。

3）插入鼠标经过图像时需要先准备至少_____幅图像。

4）为网页中插入的对象设置格式，通过_____最方便。

5）在网页中插入的图像最常用的格式有三种，分别是_____、_____和_____。

6）在"属性"面板中可以设置 4 种段落对齐方式：左对齐、_____、_____和两端对齐。

实训任务

实训 制作某品牌箱包主页

【实训目的】

掌握在网页中添加文本、图像的方法以及用图像作为导航条、制作背景图像和创建邮件链接的方法。

【实训内容】

本例结合文本、图像、Flash、超链接等网页基本元素，制作"某品牌箱包公司"主页，最终效果如图4-61所示。制作步骤如下（本实训任务中所用素材在"module04\shixun"文件夹中）。

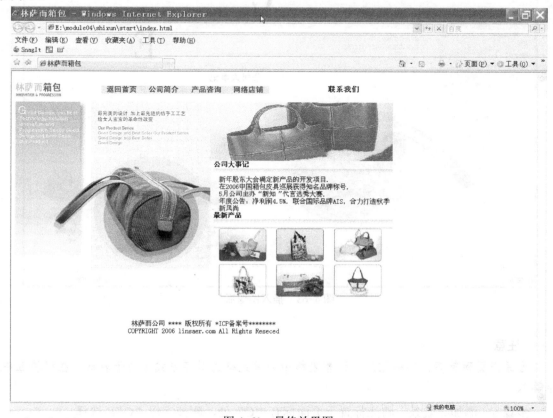

图4-61　最终效果图

步骤

步骤1　执行"文件"→"打开"命令，打开"start.htm"网页文件，如图4-62所示。

步骤2　在页面标有"A"处，插入图片"images\logo.jpg"，"宽"设为"108"，"高"设为"34"。

步骤3　在页面标有"B"处，插入图片"images\index_02.jpg"，"宽"设为"180"，"高"设为"430"。

步骤4　在页面标有"D"处，插入图片"images\index_03.jpg"，"宽"设为"285"，"高"设为"411"。

图4-62　打开的网页文件

步骤5　在页面标有"I""J""K""L""M""N"处，分别插入"images"文件夹下的"01.jpg""02.jpg""03.jpg""04.jpg""05.jpg"和"06.jpg"，"宽"均设为"113"，"高"均设为"80"，如图4-63所示。

99

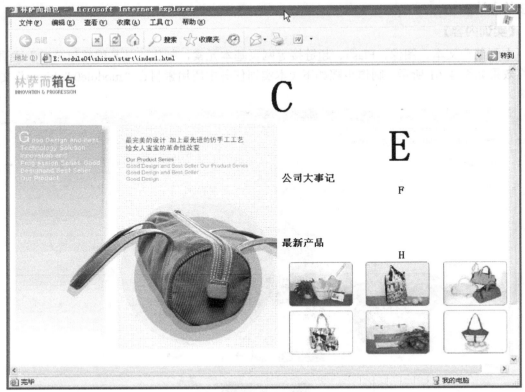

图 4-63　插入图像后

 注意

为保证页面整齐，还需相应地调整表格中的单元格的对齐方式（关于表格，在模块五中详解）。

步骤6 添加导航条。将光标置于页面标有"C"处，删掉字母"C"，选择_____→_____→_____→_____命令。单击"状态图像"后的"浏览"按钮，选择本章节素材中的 images 文件夹下的"a1.jpg"文件；单击"鼠标经过图像"后的"浏览"按钮，选择本章节素材中的 images 文件夹下的"a2.jpg"文件，单击"按下时，前往的 URL："后的"浏览"按钮，选择"index.htm"文件作为此图片的链接。

步骤7 在"替换文本"中输入相应文本。

步骤8 单击图标按钮🔳，继续添加其他导航条元件。具体步骤与添加的第一个元件类似，这里不再赘述。使用"水平""表格"方式插入导航条，效果如图 4-64 所示。

步骤9 插入 Flash 影片。将光标置于页面标有"E"处，删掉字母"E"，选择_____→_____→_____→_____命令，在"选择文件"对话框中选择"foucs.swf"插入，效果如图 4-65 所示。

步骤10 插入文本文件。打开"images\公司简介.txt"文本文件，将正文内容复制并粘贴到页面标有"G"处。

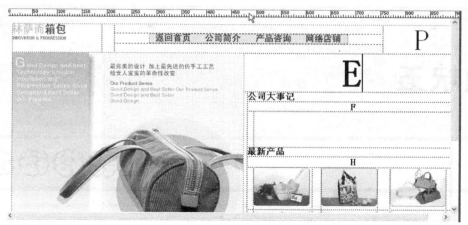

图 4-64　插入导航条后

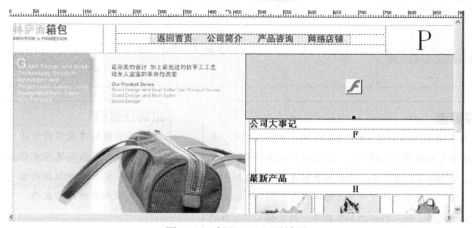

图 4-65　插入 Flash 后效果

步骤 11　制作邮件链接。在页面标有"P"处，制作邮件链接，链接文本为"联系我们"，E-mail 地址可视真实情况进行设置。

步骤 12　制作背景图像。把鼠标定位在页面标有"F"处，选择＿＿＿＿＿＿面板中的"背景"后的"浏览"按钮，选择图像文件夹中的"bg_02.gif"文件，单击"确定"按钮。用同样的方法，制作"H"处背景图像。

步骤 13　保存文件（本例保存为本章节文件夹下的"index.htm"文件名），按＿＿＿＿＿键，在浏览器中浏览，效果如图 4-61 所示。

 拓展练习

1）利用本模块知识，自己准备相应素材，设计一个"个人主页"。

2）在网页中插入音乐、视频、Flash、超链接等元素，设计一个个性化的"音乐、视频网站"。

模块五

使用表格标示

本模块导读

　　表格是用于在 HTML 页上显示表格式数据以及对文本和图形进行布局的强有力的工具。本模块详细讲述了如何使用 Dreamweaver CC 建立表格及设置表格属性，在表格中添加数据内容，修改单元格及对单元格进行设置调整，如何合并、拆分单元格，行、列的添加和删除，以及插入其他源的表格等。

本模块要点

● 掌握创建表格的方法
● 设置表格以及单元格属性值
● 表格中添加数据内容
● 插入其他源的表格

任务一　认识表格

子任务　熟悉网页中的表格

知识导读

表格是用于在 HTML 页上显示表格式数据以及对文本和图形进行布局的强有力的工具之一。表格由一行或多行组成；每行又由一个或多个单元格组成。虽然 HTML 代码中通常不明确指定列，但 Dreamweaver 允许用户操作列、行和单元格。当选定了表格或表格中有插入点时，Dreamweaver 会显示表格宽度和每个表格列的列宽。宽度旁边是表格标题菜单与列标题菜单的箭头。使用这些菜单可以快速访问与表格相关的常用命令，可以启用或禁用宽度和菜单。

在网页设计中，表格可以用来布局排版，下面介绍使用表格制作的页面的实例，这个页面的排版格式，如果用以前所讲的对齐方式是无法实现的，因此需要用到表格布局来设计。表格将整个网页设计布局为三大部分（见图 5-1 黑色实线区域），然后添加所需内容，如图 5-1 所示。

图 5-1　表格布局网页

在开始使用表格之前，首先对表格的各部分的名称进行介绍，正如 Word 中所讲述的表格一样，一张表格横向叫行，纵向叫列。行列交叉部分就称为单元格。单元格是网页布局的最小单位。有时为了布局的需要，可以在单元格内再插入新的表格，有时可能需要在表格中反复插入新的表格，以实现更复杂的布局。单元格中的内容和边框之间的距离称为边距。单元格和单元格之间的距离称为间距。整张表格的边缘称为边框，如图 5-2 所示。

另外，在代码视图中如果要定义一个表格，就要使用 <TABLE>…</TABLE>标记，表格的每一行使用<TR>…</TR>标记，表格中的内容要用<TD>…</TD>标记。表列实际上是存在于表的行中。建立图 5-2 所示的表格，需要如下的 HTML 代码：

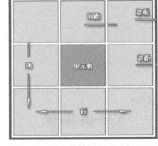

```
<TABLE BORDER=1>
<TR><TD></TD><TD></TD><TD></TD></TR>
<TR><TD></TD><TD></TD><TD></TD></TR>
<TR><TD></TD><TD></TD><TD></TD></TR>
</TABLE>
```

图 5-2　表格的各部分的名称

利用<TABLE>标记来告诉计算机，这是一个表格，BORDER=1 是设定此表格的框线粗细为 1。一组<TR>…</TR>是设定一行的开始。一组<TD>…</TD>则是设定一个列，文字就是要写在这里面。另外，还可以自己设定表格的"宽"及"高"，如<TABLE WIDTH="100" BORDER="1" HEIGHT="60">；利用 ALIGN=RIGHT 可以让表格中对象右对齐,利用 ALIGN= LEFT 可以让表格中对象左对齐；利用 BGCOLOR="颜色码"指定表格背景颜色的方法：<TABLE BORDER="1" BGCOLOR=#FFCC33>。

注意

布局模式从 Dreamweaver CS4 开始已被弃用（布局模式使用布局表格创建页面布局）。

当选定了表格或表格中有插入点时，Dreamweaver 会显示表格宽度和每个表格列的列宽。宽度旁边是表格标题菜单与列标题菜单的箭头。使用这些菜单可以快速访问与表格相关的常用命令。可以启用或禁用宽度和菜单。

如果用户未看到表格的宽度或列的宽度，则说明没有在 HTML 代码中指定该表格或列的宽度。如果出现两个数，则说明"设计"视图中显示的可视宽度与 HTML 代码中指定的宽度不一致。

任务二　使用表格

子任务　插入表格并添加内容

表格是用于在页面上显示表格式数据以及对文本、图形进行布局的工具，可以控制文本和图形在页面上出现的位置。在 Dreamweaver 中，使用者可以插入表格并设置表格的相关属性。

使用 Dreamweaver 创建一个表格并对表格进行基本参数设置的操作，具体过程如下。

步骤

步骤 1　创建一个表格。将光标停放在页面中需要创建表格的地方，有以下 3 种方法可以实现表格的创建。

1）执行"插入"→"Table"命令。

2）使用<Ctrl>+<Alt>+<T>组合键。

3）单击工具栏"插入"或"HTML"面板上的"Table"按钮，如图 5-3 所示。

步骤 2 设置表格基本属性值。

完成步骤 1 中任何一项操作，即可打开"表格"对话框，按照图 5-4 所示输入想要创建表格的行数、列数、表格宽度、边框粗细、单元格边距和单元格间距的值。设置好各项属性值后，可创建一个表格。

图 5-3 插入表格按钮

图 5-4 "表格"对话框

 注意

单元格边距和单元格间距的区别：

1）单元格边距：确定单元格边框和单元格内容之间的像素数。

2）单元格间距：确定相邻的表格单元格之间的像素数。

步骤 3 创建表格成功。单击"确定"按钮，就会在页面中插入一个表格，如图 5-5 所示。

步骤 4 插入内容。将 module05\1\images 下的 grjl_01.gif～grjl_05.gif 图片分别插入到 5个单元格内，效果如图 5-6 所示。

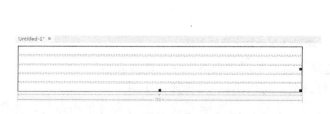

图 5-5 插入表格后效果

图 5-6 插入图片

105

任务三 编 辑 表 格

子任务 1 选择编辑表格

步骤

步骤 1 打开 module05\2 下的 index1.html 文件,在第二个单元格中插入 5 行 1 列的表格,如图 5-7 所示。

步骤 2 同时选中插入的表格,如图 5-8 所示。

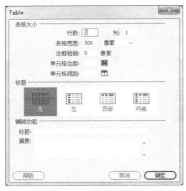

图 5-7 插入表格

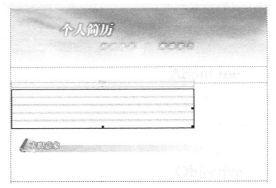

图 5-8 选中表格

(1)选择整个表格 有以下3种方法可以实现:

1)把光标悬放到表格的上边框外缘或者下边框外缘(光标呈现表格光标),如图 5-9 所示;或者把光标悬放在表格的右边框上或者左边框上再或者单元格内边框的任何地方(光标呈现平行线光标),如图 5-10 所示。单击鼠标左键即可选中此表格。

图 5-9 光标悬放至表格边框外缘　　　　图 5-10 光标悬放至单元格内边框上

2)将光标放置在表格的任意一个单元格内,单击鼠标左键,之后单击页面窗口左下角的<table>标记,即可选中整个表格,如图 5-11 所示。

图 5-11 通过<table>标记选择表格

3)在单元格中单击鼠标右键,选择快捷菜单项"表格"→"选择表格"。

(2)选择表格元素 选择表格的行或列,可以由以下3种操作实现:

1)将光标定位于行的左边缘或列的最上端,当光标变成黑色箭头时单击即可,如图 5-12 所示。

2)在单元格内单击,按住鼠标左键,然后按照如图 5-13 所示的箭头方向,平行拖动或者向下拖动可以选择多行或者多列。

　　　　　　　　　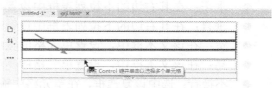

图 5-12　通过箭头选择行或列　　　　　　　　图 5-13　通过拖动鼠标选择行或列

3）按住<Ctrl>键，用鼠标左键分别单击欲选择的多行或者多列，这种方法可以比较灵活的选择多行或者多列。

步骤 3　执行"窗口"→"属性"命令，打开"属性"面板，在该面板中会显示所选中表格的相关属性值，如图 5-14 所示。设置表格属性栏将表格的"对齐"方式改为居中对齐，修改"边框"属性值为"1"，间距为"0"，边框颜色为"#339999"。

图 5-14　表格属性

（1）设置表格"属性"　各属性参数含义如下。

- 表格 Id：在其右边的下拉列表框中，设置表格 Id，一般不可输入。
- 行：在该文本框中，设置表格的行数。
- 列：在该文本框中，设置表格的列数。
- 宽：在该文本框中，设置表格的宽度，有"%"和"像素"两种单位可以选择。
- 填充（CellPad）：在该文本框中，设置单元格内部和对象的距离。
- 间距（CellSpace）：在该文本框中，设置单元格之间的距离。
- 对齐（Align）：在其右边的下拉列表框中设置表格的 4 种对齐方式。
- 边框（Border）：在该文本框中输入相应数值，设置表格的边框宽度。
- 按钮：清除列宽按钮，可以清除表格列的宽度。
- 按钮：清除行高按钮，可以清除表格行的高度。
- 按钮：将表格宽度转换成像素。
- 按钮：将表格宽度转换成百分比。
- 原始档：Fireworks 源 PNG。

（2）设置单元格属性　只要把光标放到某个单元格内并单击鼠标就可选定此单元格。设置单元格的属性，具体操作步骤如下：将光标置于单元格内，执行"窗口"→"属性"命令，此时在打开的"属性"面板中可进行相关设置，如图5-15所示。

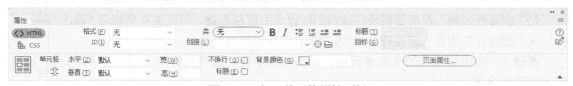

图 5-15　打开单元格属性面板

单元格"属性"面板各属性参数含义如下。

- 水平：在其右边的下拉列表框中设置表格的 4 种水平对齐方式。
- 垂直：在其右边的下拉列表框中设置表格的 5 种垂直对齐方式。
- 宽：在该文本框中，设置单元格的宽度。
- 高：在该文本框中，设置单元格的高度。
- 不换行：选中该复选框，在单元格中输入文本时不会自动换行，需要按<Enter>键，方可换行。
- 标题：选中该复选框，即把此单元格中的文本设置为居中状态和加粗的标题格式。
- 背景颜色：单击其右边的拾色器，从弹出的颜色框中设置单元格的背景颜色。
- □ 按钮：合并单元格按钮。
- ⊞ 按钮：拆分单元格按钮。

步骤 4 单击第一行单元格，单击鼠标右键，在弹出的快捷菜单中执行"表格"→"插入行"命令，如图 5-16 所示。

快捷菜单命令可以对表格中的行、列进行增加或删除操作。行、列的添加和删除介绍如下。

（1）添加行或列　可以通过以下两种方法来实现。

- 在需要添加行或列的位置单击鼠标右键，可以选择快捷菜单项 "表格"→"插入行"或者"插入列"，即可在此单元格上面添加一行或者左面添加一列。
- 在需要添加行或列的位置单击鼠标右键，可以选择快捷菜单项"表格"→"插入行或列"命令，在出现的对话框中输入要添加的行数或列数，如图 5-17 所示。

图 5-17 中各属性参数含义如下。

- 插入行：选择此项将插入行。
- 插入列：选择此项将插入列。
- 行数（列数）：在该文本框中，设置插入行或列的数值。
- 所选之上（所选之前）：在当前所选位置上面（前面）进行插入操作。
- 所选之下（所选之后）：在当前所选位置下面（后面）进行插入操作。

图 5-16　插入行　　　　　图 5-17　"插入行或列"对话框

注意

如果想在表格的最后一行下面再添加一行，则只能用第二种对话框的方法。

（2）删除行或列　在需要删除行或列的位置单击鼠标右键，可以选择菜单项"修改"→"表格"→"删除行"或者"删除列"，即可删除当前行或者当前列。

步骤 5 选中第二列的 4 个单元格，单击鼠标右键，选择快捷菜单项"合并单元格"，将单元格进行合并。

合并和拆分单元格知识点详解如下。

使用"属性"面板或者单击鼠标右键,执行快捷菜单项"表格"→"合并单元格"命令,进行单元格的拆分与合并。只要选择部分的单元格可以形成一行或者一个矩形,便可以合并任意数目的相邻的单元格,以此来生成一个跨越多个行或列的大的单元格,也可以将一个单元格拆分成任意数目的行或列。

(1)合并单元格　合并单元格的操作是拆分单元格的逆过程,首先选择需要合并的连续的单元格,然后合并的方法可以有以下3种。

- 使用<Ctrl>+<Alt>+<M>组合键。
- 单击鼠标右键,在弹出的快捷菜单中选择"表格"→"合并单元格"选项。
- 单击单元格"属性"面板上的图标按钮 ▭,如图 5-18 所示。

图 5-18　单元格"属性"面板上的合并单元格图标按钮

(2)拆分单元格　拆分单元格的具体方法可以有以下3种。操作如下:

首先将光标放置于表格中想要拆分的单元格内,如图 5-19 所示,然后可以使用以下 4 种方法之一。

- 使用<Ctrl>+<Alt>+<S>组合键。
- 单击鼠标右键,在弹出的快捷菜单中选择"表格"→"拆分单元格"选项。
- 单击单元格"属性"面板上的图标按钮 ▥,如图 5-20 所示。

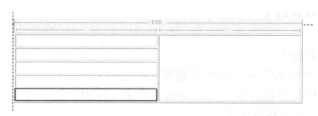

图 5-19　需拆分的单元格

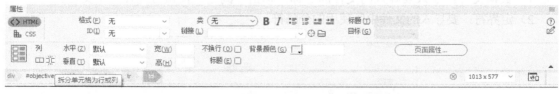

图 5-20　单元格"属性"面板上拆分单元格图标按钮

此时会弹出"拆分单元格"对话框,如图 5-21 所示。

可以选择把此单元格拆分成行或者列,此处单击"把单元格拆分"中的"列"单选按钮,然后将"列数"设置为3,最后单击"确定"按钮即可。

拆分之后的效果如图 5-22 所示。

图 5-21　"拆分单元格"对话框

图 5-22　拆分之后的单元格

步骤 6　最后，输入如图 5-23 所示的个人信息，右侧可插入照片。

图 5-23　效果图

子任务 2　导入表格式数据

步骤

步骤 1　执行下列操作：

选择"文件"→"导入"→"表格式数据"。

步骤 2　指定表格式数据选项，然后单击"确定"按钮。

图 5-24 中的部分选项介绍如下。

1）数据文件：输入要导入的文件的名称。单击"浏览"按钮可选择一个文件。

2）定界符：要导入的文件中所使用的分隔符。

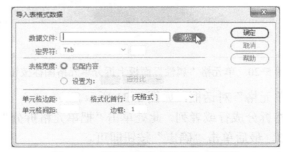

图 5-24　"导入表格式数据"对话框

如果选择"其他",则弹出菜单的右侧会出现一个文本框,输入用户的文件中使用的分隔符。

 注意

将定界符指定为先前保存数据文件时所使用的定界符。如果不这样做,则无法正确地导入文件,也无法在表格中对用户的数据进行正确的格式设置。

3)表格宽度:
- 选择"匹配内容"使每个列足够宽以适应该列中最长的文本字符串。
- 选择"设置为",以像素为单位指定固定的表格宽度,或按占浏览器窗口宽度的百分比指定表格宽度。

任务四 使用表格布局网页

子任务 使用表格规划布局网页案例

利用图 5-5 所建立的表格,创建一个关于学校网站的简单的主页面。利用"属性"面板,设置单元格的高度。按照要求拆分特定的单元格,在单元格中插入图像、设置单元格背景图像、在单元格中插入文本内容。

要求:利用"属性"面板把第一行单元格的"高度"设置为 142 像素,为此单元格设置背景图像;设置第二行单元格背景图像,并插入一个 1 行 13 列表格,再在这 13 列单元格内输入导航菜单文本并建立文本超链接;将第三行单元格拆分成 3 列单元格,左侧设计成快捷链接菜单,中间的单元格设计成为文本正文显示区,输入文本内容,设置文本"颜色"为"白色",右侧单元格为通知公告区,设置单元格"背景颜色"为"#ADE3FF";第 4 行单元格设置成网页的版权区。此案例具体操作过程如下:

步骤

步骤 1 设置页面属性,在页面空白处单击鼠标,在界面下面的"属性"面板上单击"页面属性"按钮,如图 5-25 所示,弹出"页面属性"对话框,在"背景颜色"属性文本框里输入"#1875C6",如图 5-26 所示。

图 5-25 在"属性"面板上单击"页面属性"按钮

图 5-26　设置网页背景颜色

单击"确定"按钮后，可以看到网页的背景颜色已经变成所设置的颜色了，如图 5-27 所示。

图 5-27　设置后的网页背景颜色

步骤 2　插入网页标识。在第一行单元格内单击鼠标左键，Dreamweaver CS 中单元格属性是可以选择背景的，但 Dreamweaver CC 将这一功能删除了，需要通过代码来实现，代码如图 5-28 所示。

```
<table width="978" border="0">
 <tbody>
   <tr>
     <td width="972" height="142" background="images/top.jpg" > </td>
   </tr>
```

图 5-28　设置单元格属性代码

代码输入完成后，此时单元格插入了背景图像，如图 5-29 所示。

图 5-29　为单元格插入背景图像

步骤 3　设置导航菜单栏。

1）选中页面中表格的第二行的单元格，同步骤 2，为单元格设置背景图像，如图 5-30 所示。代码如图 5-31 所示。

图 5-30　设置背景图像

```
<tr>
  <td  background="images/button_back.jpg"> 
  </td>
</tr>
```

图 5-31　设置背景图像代码

2）在第二行单元格内插入一个 1 行 ×13 列的表格，"表格宽度"设置成 873 像素，如图 5-32 所示。插入表格后，选择新插入的表格，在表格"属性"面板中，设置表格的对齐方式为"右对齐"，如图 5-33 所示。新插入的表格效果如图 5-34 所示。这些操作都是为设置导航菜单做准备工作。

图 5-32　插入一个新的表格

图 5-33　设置表格对齐方式为右对齐

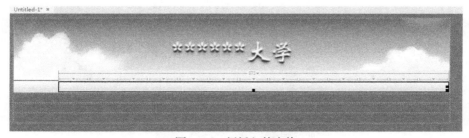

图 5-34　新插入的表格

113

3）在每一个单元格内输入文本内容，设置网页的导航菜单，如图 5-35 所示。为单元格文本设置内联 CSS 样式，指定专属"id"，如图 5-36 所示。

图 5-35　为单元格插入文本

```
1 ▼ #STYLE1 {font-size: 12px;
2       font-family: "黑体";
3       text-align:center;
4       }
5   </style>
6   </head>
7
8 ▼ <body >
9 ▼ <table width="988" height="504" border="0" cellpadding="0" cellspacing="0">
0 ▼   <tbody>
1 ▼     <tr>
2        <td height="142" colspan="3" background="images/top.jpg" > </td>
3      </tr>
4 ▼    <tr>
5 ▼      <td height="24" colspan="3" background="images/button_back.jpg"><table width="873" border="0"
         align="right"cellspacing="0" cellpadding="0">
6 ▼        <tbody>
7 ▼          <tr id="STYLE1">|
8            <td height="17"></td>
9            <td><a href="index.html">首页</a></td>
0            <td>学院简介</td>
1            <td>行政机构</td>
```

图 5-36　用代码为单元格插入文本

4）为每一个导航菜单文本设置超链接，如图 5-37 所示。

图 5-37　为导航菜单文本设置超链接

步骤 4　设置左侧快捷链接栏。

1）把大表格的第三个单元格拆分成 3 列，单元格宽度分别设置为 150 像素、636 像素、190 像素，在实际应用中，可以根据需要调节表格的宽度。之后把左侧的单元格拆分成 6 行，把鼠标放置在其中一个单元格内，单击鼠标左键，然后执行"插入"→"Image"命令，如图 5-38 所示。在弹出的"选择图像源文件"对话框中，选择要插入的图像文件，如图 5-39 所示。

图 5-38　执行插入图像操作

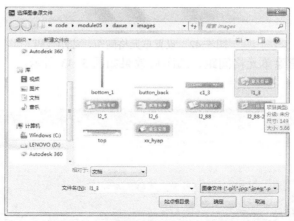

图 5-39 "选择图像源文件"对话框

2）其他 5 个单元格操作步骤同上，结果如图 5-40 所示。

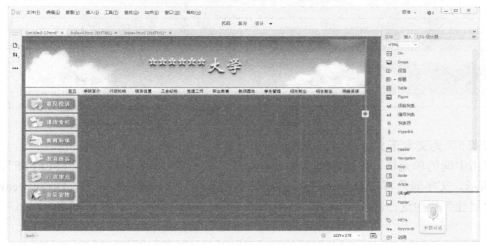

图 5-40 插入图像文件后的效果图

在插入图像后，会发现图片与图片之间有空隙，这是因为表格的单元格与单元格之间有默认间距，所以在插入表格之初要设置单元格间距=0，单元格边距=0，如图 5-41 所示。此处用代码来解决单元格间距的问题，如图 5-42 所示。

图 5-41 设置表格单元格间距、边距

115

```
▼ <body >
▼ <table width="978" border="0" cellspacing="0" cellpadding="0">
```

图 5-42　设置单元格间距、边距代码

代码输入完成，消除单元格间距、边距后效果如图 5-43 所示。

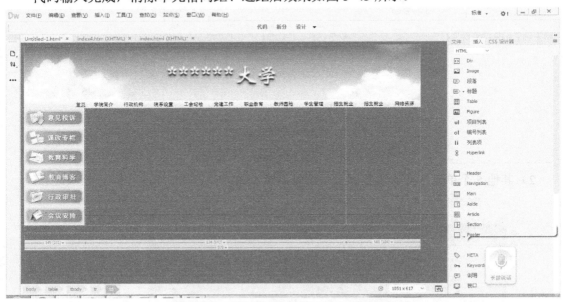

图 5-43　消除单元格间距、边距后效果图

步骤 5　为文本正文区添加文本内容。

单击中间的单元格，在光标处输入文本内容，并设置文本字体颜色为"#FFFFFF"，如图 5-44 所示。文字颜色可在 Dreamweaver CC 之前版本通过"属性"栏设置，Dreamweaver CC 版本"属性"栏中这一功能已取消，此处用 CSS 行内样式设置，如图 5-45 所示。

图 5-44　在单元格中输入文本并设置文本字体颜色

```
<td width="634" rowspan="6" >
    <p ><span style="color:#FFFFFF;font-size: 14px">*****大学创建于1970年，是全国重点大学
育、民族教育师资少数民族复合型人才的重要基地。<br />
占地面积4800余亩，校舍建筑面积近90万平方米，固定资产总值20亿余元，其中教学仪器设备总值1.5亿余元。馆藏图
```

图 5-45 设置文本字体颜色代码

步骤 6 设置右侧单元格的通知公告区内容。因为表格在拆分时是互相影响的，此处拆分右侧单元格的高度会受左侧单元格影响，所以在右侧使用表格嵌套来解决。单击右侧单元格，插入"Table"，如图 5-46 所示。

图 5-46 右侧单元格中使用表格嵌套

步骤 7 设置右侧单元格表格的属性。在上面单元格中插入图像内容，而下面的单元格在"属性"栏里设置背景颜色为"#ADE3FF"，高为"270"，如图 5-47 所示。

图 5-47 设置右侧单元格表格的属性

步骤 8 设置版权信息单元格。将最后一行的单元格设置背景图像，输入版权信息"版权所有 2008 All Rigthts Reserved 地址：＊＊＊＊＊＊＊＊＊市＊＊＊＊路＊＊＊＊号 邮政编码：＊＊＊＊＊＊"，设置单元格高"70"，水平对齐方式为"居中对齐"，文本字体颜色为"#FFFFFF"，设置后效果如图 5-48 所示。

图 5-48 设置版权信息单元格

步骤 9 在右侧表格内添加内容，最终网页效果如图 5-49 所示。

图 5-49 最终网页效果图

118

注意

表格的应用技巧：

在定义表格宽度的时候，总面临到底是使用像素作为度量单位还是百分比作为度量单位的问题。一般情况下，如果是网页最外层的表格，一定要使用像素作为度量单位。因为表格的宽度会随着浏览器的大小而变化，页面表格中的内容将会被挤压变形而影响美观。如果是嵌套的表格，那么可以使用百分比作为单位。表格的嵌套在网页制作中经常使用，尤其是在新浪、搜狐、网易等门户网站中，为了使大量的信息整齐地展示在浏览者面前，表格的嵌套就使用得最为频繁。不要把整个网页放在一个大的表格里，因为一个大表格里的内容要全部装载完才会显示。如果整个网页放在一个表格里，那么用户的网页只会出现两种情况：①全部不显示；②全部显示出来。

现如今很多页面都包含了"糟糕"的 HTML，即 HTML 代码未遵守 HTML 规则。而一些小型设备，如移动电话或其他小型设备的浏览器技术往往又缺乏解释"糟糕"的标记语言的资源和能力。所以通过结合 XML 和 HTML 的长处，开发出了 XHTML。XHTML 是以 XML 格式编写的 HTML。

XHTML 与 HTML 最重要的区别如下。

1) 文档结构。①XHTML DOCTYPE 是强制性的；②<html>中的 XML namespace 属性是强制性的；③<html>、<head>、<title>以及<body>也是强制性的。

2) 元素语法。①XHTML 元素必须正确嵌套；②XHTML 元素必须始终关闭；③XHTML 元素必须小写；④XHTML 文档必须有一个根元素。

3) 属性语法。①XHTML 属性必须使用小写；②XHTML 属性值必须用引号包围；③XHTML 属性最小化也是禁止的；④<!DOCTYPE....>是强制性的。

XHTML 文档必须进行 XHTML 文档类型声明（XHTML DOCTYPE declaration）。

以下展示了带有最少的必需标签的 XHTML 文档：

```
<!DOCTYPE html PUBLIC "-//W3C//DTD XHTML 1.0 Transitional//EN"
"http://www.w3.org/TR/xhtml1/DTD/xhtml1-transitional.dtd">
<html xmlns="http://www.w3.org/1999/xhtml">
<head>
  <meta charset="utf-8">
  <title>文档标题</title>
</head>
<body>
文档内容
</body>
</html>
```

学 材 小 结

本模块主要讲解了表格的使用以及如何使用布局表格进行网页布局，用户应掌握表格的基本操作，还应熟悉如何选择、合并、拆分表格以及向表格添加内容等操作。

 理论知识

1）简述创建表格的不同方法。

2）如何合并单元格？

3）创建一个表格，并使用 Dreamweaver 中预定义的样式格式化该表格。

4）如何选择表格？

5）如何合并及拆分表格？

实训任务

实训 使用表格规划网页

【实训目的】

掌握表格布局的方法。

【实训内容】

学习了本章内容之后，就会很轻松地使用表格进行网页的规划布局。结合前面所学，尝试制作一个简单的花卉介绍网站。填写完成下面的实训任务步骤。

【实训步骤】

步骤 1 启动 Dreamweaver，新建网页文件，命名为"huahui.html"，作为网站首页。

步骤 2 执行＿＿＿＿＿＿命令，插入 6 行 1 列的表格，调整、合并、拆分表格，设置表格属性如图 5-50 所示。

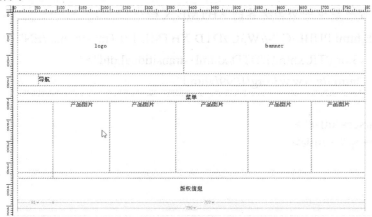

图 5-50 网页表格布局结构

步骤 3 在"logo"单元格内单击鼠标左键，单击"插入"面板中"常用"选项卡中的图标按钮，在打开的"选择图像源文件"对话框中选择网站 logo 图像，在"banner"单元格内单击鼠标左键，同样插入一幅网站 banner 图像，如图 5-51 所示。

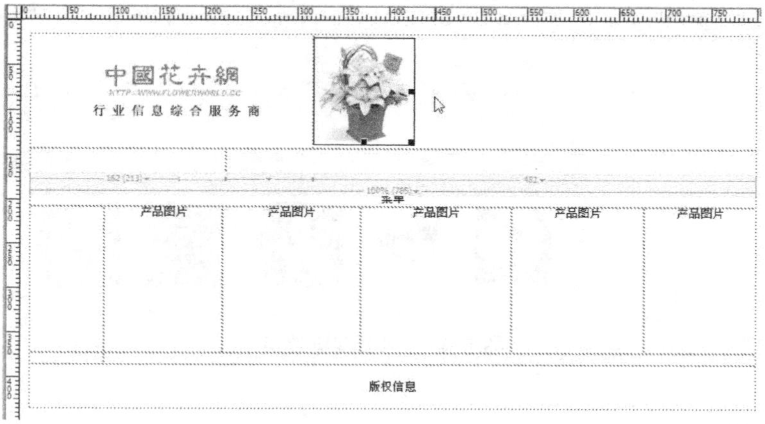

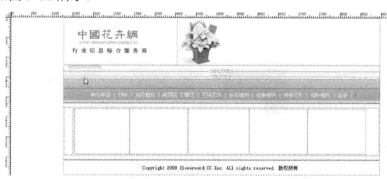

图 5-51　插入图像效果

步骤 4　同上步骤，在导航区插入背景图像，输入导航菜单文本，并为每一个菜单设置超链接地址。在页面最下面的版权信息区单元格内加入版权信息，并设置对齐方式为"居中对齐"，效果如图 5-52 所示。

图 5-52　添加导航栏和版权信息之后效果

步骤 5　同步骤 3 和步骤 4，在产品展示区添加产品的图片，并设置超链接地址，如图 5-53 所示。

图 5-53　添加正文信息效果

121

步骤 6 保存网页，按<F12>键，浏览制作的网页，效果如图 5-54 所示。

图 5-54 网页浏览效果

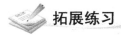 拓展练习

利用布局表格和布局单元格创建如图 5-55 所示的网页。

图 5-55 网页浏览效果

模块六

使用 Div+CSS 布局并美化网页

本模块导读

　　Div+CSS 是一种网页布局方法，与传统的表格布局相比，有很多优势：

　　1）网页加载速度快。

　　2）实现网页页面内容与表现相分离。

　　3）对搜索引擎友好。

　　本模块通过对 Div+CSS 的基本概念的学习，结合实例的讲解，来掌握其使用方法。

本模块要点

● Div 基础知识

● CSS 基础知识

● Div+CSS 网页布局

任务一　Div 的基础概念

知识导读

　　Div 是 division 的缩写，division 意为分开、分隔等，所以 Div 有分段的意思，用来切割段落，Div 中可存放文字、图像或其他 HTML 元素。

子任务1　HTML 区块

1. HTML 元素

　　HTML 元素包含开始标签（起始标签）、元素内容和结束标签（闭合标签）。开始标签、结束标签在本书模块三也被称之为始标记、尾标记。

```
<!DOCTYPE html>
<html>
<body>
    <h1>这是一个标题。</h1>
</body>
</html>
```

　　上述代码中包含了三个 HTML 元素，分别是<h1>元素、<body>元素和<html>元素，它们都拥有一个开始标签、一个结束标签及元素内容。

2. HTML 区块

　　HTML 可以通过 <div> 和 <span>将 HTML 元素组合起来，且大多数 HTML 元素被定义为块级元素或内联元素。

　　（1）块级元素　块级元素的特点是在浏览器显示时，以新行来开始，即块级元素独占一行，不论内容多少。如<h1>、<p>、<ul>、<table>、<li>、<form>、<div>等。

　　（2）内联元素　内联元素的特点是在显示时不以新行开始，内容少时不会换行。如<b>、<td>、<a>、<img>、
、<span>等。

　　（3）区块　区块即输入的标签占了一整行。

　　实例　区块与非区块

步骤

　　步骤 1　Dreamweaver 中插入<p>标签、<div>标签和<span>标签，判定是否为区块。新建 HTML 文档，执行"插入"→"Div"命令，ID 为"one_div"，如图 6-1 所示。

　　步骤 2　单击"新建 CSS 规则"按钮，"新建 CSS 规则"对话框如图 6-2 所示。在"选择器名称"中，系统自动添加"#one_div"，CSS 中 ID 选择器以 "#" 来定义，相关内容在模块三中有介绍。

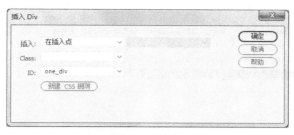

图 6-1 插入

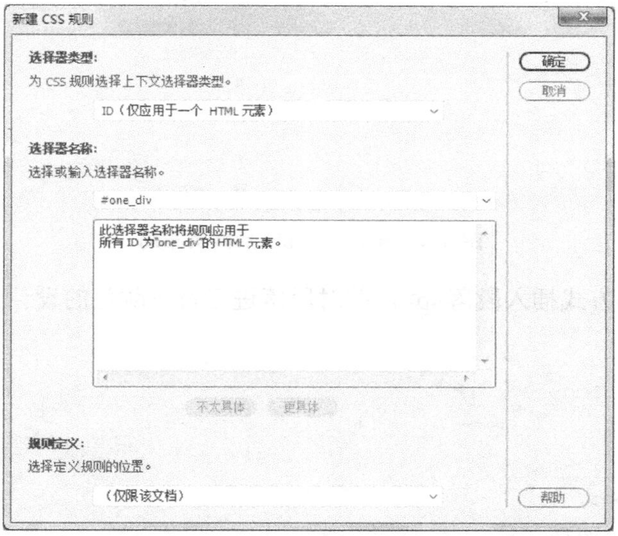

图 6-2 新建 CSS 规则

步骤 3 单击"确定"按钮，系统进入"#one_div 的 CSS 规则定义"对话框，如图 6-3 所示。设计背景颜色为红色。

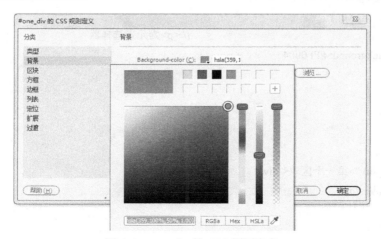

图 6-3 one_div 的 CSS 规则定义

步骤 4　单击"确定"按钮，返回"插入 Div"对话框，单击"确定"按钮，网页布局如图 6-4 所示。

图 6-4　插入 one_div 后网页布局

步骤 5　用代码方式插入段落<p>，并对段落进行背景颜色的设计，网页布局如图 6-5 所示。

```
<!doctype html>
<html>
<head>
<meta charset="utf-8">
<title>HTML 区块介绍</title>
    <style type="text/css">
    #one_div {                              // #one_div 为 id 选择器
        background-color: #FF0004;
                }
    p{                                      // <p>为元素选择器
        background: #FF0004 ;
                }
    </style>
</head>

<body>
<div id="one_div">第一个区块</div>
<p>第二个区块</p>
</body>
</html>
```

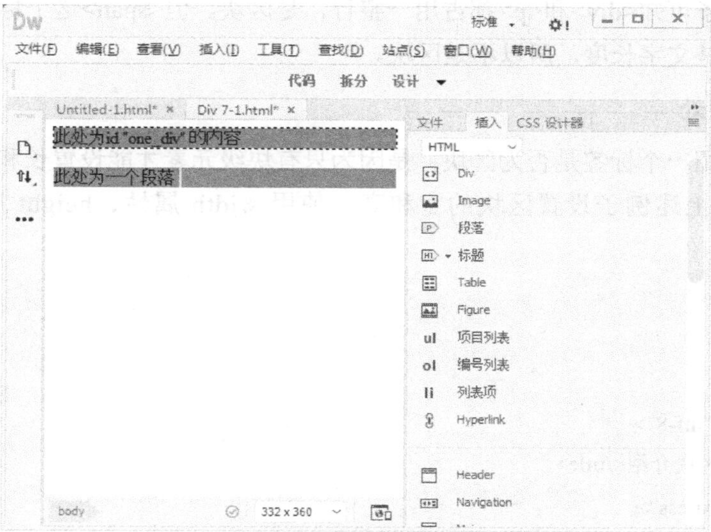

图 6-5　插入段落后网页布局

步骤 6　网页插入\<span\>，并设置其背景元素为红色，网页布局如图 6-6 所示。

```
<body>
<div id="one_div">第一个区块</div>
<p>第二个区块</p>
<span style="background:#FF0004">这不是区块</span>    <!-- #one_div 为 id 选择器   -->
</body>
```

 注意

html 代码，注释是选择使用\<!-- -->的; CSS 规则是使用/*需要注释的内容*/进行注释的。

图 6-6　插入\<span\>网页布局

通过上述例子可知<div>和<p>都占用一整行，是区块。但<span>这个标签通过背景色可知，它的长度只是文字长度，所以不是区块。

3．区块的用处

之所以要介绍一个标签是否为区块，是因为只有块级元素才能设置长和宽。

实例 参照上述例子设置区块的宽和高，使用 width 属性、height 属性，具体代码如下：

```
<!doctype html>
<html>
<head>
<meta charset="utf-8">
<title>HTML 区块介绍</title>
<style type="text/css">
#one_div {                              // #one_div 为 id 选择器
    background-color: #FF0004;
    height:    150px;
    width: 100px;
}
    p{
        background: #FF0004;            // <p>为元素选择器
        height:    50px;
        width: 150px;
    }
</style>
</head>


<body>
<div id="one_div">第一个区块</div>
<p>第二个区块</p>
<span style="background:#FF0004;height:150px;width: 150px">这不是区块</span>        <!-- #one_div 为 id
选择器   -->
</body>
</html>
```

在代码中，为<span>设了一个高度和宽度（这种设置是错误的），网页布局如图 6-7 所示。

由图 6-7 可知，<span>的高度和宽度没有变化，所以<span>不是块级元素，只有块级元素才能设置高度属性或宽度属性。

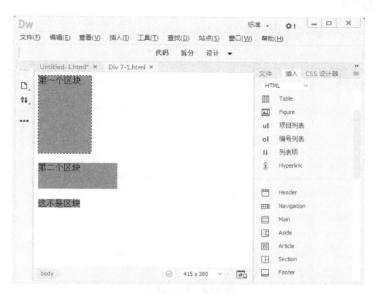

图 6-7　插入<span>网页布局

子任务 2　HTML<div>标签

1．<div>定义

W3C（万维网联盟）把<div>元素描述为"一种添加结构的通用机制。"结构即组成整体的各部分的搭配；通用即普遍使用，可以在各处使用；机制则表示整体由哪些部分组成、是怎样工作的。

1）HTML <div>元素是块级元素，充当容器组合块级元素。浏览器会在其前后显示换行。

2）<div>元素是可以广泛使用的 HTML 元素。

3）<div>元素没有特定的含义。

2．<div>元素用途

（1）可与CSS一同使用　<div>元素经常与CSS一起使用，对放入div中的HTML元素进行格式化，实现美化的效果。

实例　通过 CSS 设置格式化<div>元素

步骤

步骤 1　在 Dreamweaver 中插入<p>标签和<div>标签，在<div>标签内插入<h2>标签和<p>标签。新建 HTML 文档，单击"插入"→"HTML"→"段落"命令，如图 6-8 所示。在状态栏中出现"　body　ｐ　"，表示可以编辑<p>标签的元素内容，输入文本"这是一

129

个不在 Div 里的段落"。

图 6-8　插入段落

　注意

首先，" "在超文本标记语言中表示空格。空格字符由"&+n+b+s+p+;"组成，后面的分号不能丢。也可以使用快捷键<Ctrl+Shift+Space>输入空格；对于 html 网页中的单个空格，直接键入空格键即可实现空格排版，如果要想实现多个空格排版，则需要在代码里输入" "这一空格字符来实现。

其次，在代码窗口无法通过添加额外的空格（即<Space>键）或换行来改变输出的效果。因为当显示页面时，浏览器将所有连续的空格或空行都会被算作一个空格。

步骤 2　插入<div>元素。单击"插入"→"HTML"→"Div"命令，弹出"插入 Div"对话框，如图 6-9 所示。在 ID 栏中输入"one-div"。

图 6-9　插入段落

步骤 3　在"插入 Div"对话框中单击"新建 CSS 规则"按钮。在弹出的"新建 CSS 规则"对话框中，选择器名称为"#one-div"，单击"确定"按钮，在弹出的"#one-div 的 CSS 规则定义"对话框执行"分类"→"类型"命令，设置 color（文字颜色）为#FF0000，如图 6-10 所示。

步骤 4　单击"确定"按钮，返回"插入 Div"对话框，再单击"确定"按钮，回到"拆分"窗口，如图 6-11 所示。单击选中#one-div 中的元素内容后，插入一个 2 级标题和一个段落，如图 6-12 所示。

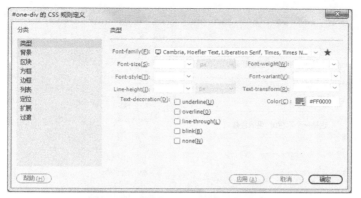

图 6-10　设置#one-div 的 CSS 规则

图 6-11　插入#one-div

图 6-12　插入标题和段落

步骤 5 在"设计"窗口的 Div 下方空白处单击，插入一个段落。插入完成后如图 6-13 所示。

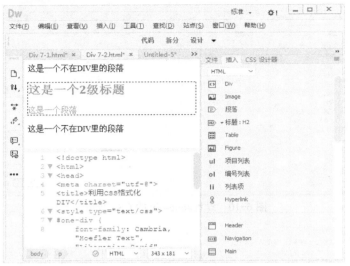

图 6-13　插入另一段落

由图 6-13 可知，放到 Div 盒子里的 HTML 元素，都被 CSS 格式化了，字体颜色都为红色。

注意

> **Dreamweaver 分段方法：**
> 1）在"设计"或"拆分"窗口中，按回车键，自动生成分段。
> 2）单击代码，添加<p></p>生成段落。

（2）<div>元素文档布局

1）元素浮动。元素可以水平浮动，即向左或向右移动，直到它的外边缘碰到包含框或另一个浮动元素的边框为止。浮动元素之前的元素将不会受到影响；浮动元素之后的元素将围绕它，因为浮动元素不在文档的普通流中，所以对于文档的普通流中的元素来说，浮动元素就好像不存在，从而对浮动的元素形成包围。普通流即自上而下排列。

浮动在块级标签（主要是 Div）、内联标签（主要是 Img）上都能用。

实例 网页上添加 2 个块级元素和一张图，并使图向右浮动。

步骤

步骤 1 在新建 HTML 文档，单击"插入"→"HTML"→"标题：H1"命令，元素内容为"标题"，之后单击"插入"→"HTML"→"Image"命令，插入一张图，按回车键自动添加段落，元素内容为"这是布局 P 标签的内容 "将此内容复制多个。网页布局如图 6-14 所示。

步骤 2 为图片新建 CSS，右击图片，在快捷菜单内执行"CSS 样式"→"新建"命令，如图 6-15 所示。在弹出的"新建 CSS 规则"对话框中，"选择器类型"下拉菜单选择"标签（重新定义 HTML 元素）"，"选择器名称"选择"img"，如图 6-16 所示。

图 6-14 插入标题、图片、段落后的网页布局

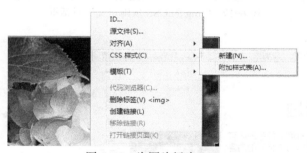

图 6-15 为图片新建 CSS

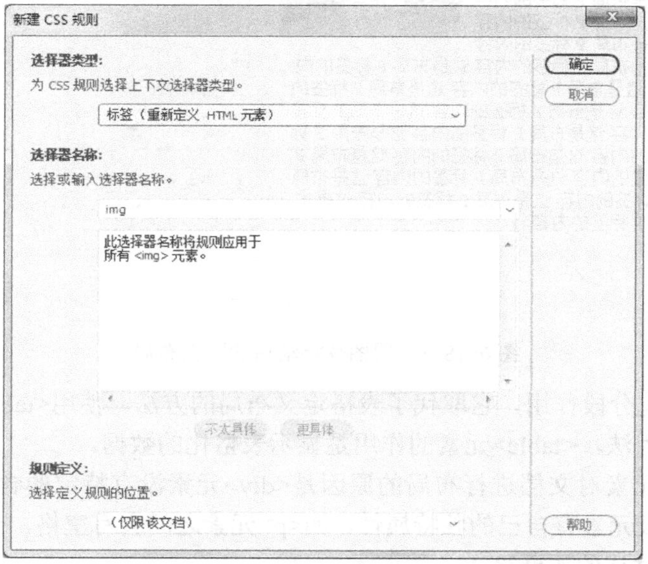

图 6-16 "新建 CSS 规则"对话框

步骤 3 单击"确定"按钮，弹出"img 的 CSS 规则定义"对话框，执行"方框"，设定"Width"为"150"，"Height"为"100"。这两项用以修改图片大小。设定"Float"为"right"以设置图片右浮动，如图 6-17 所示。网页布局如图 6-18 所示。

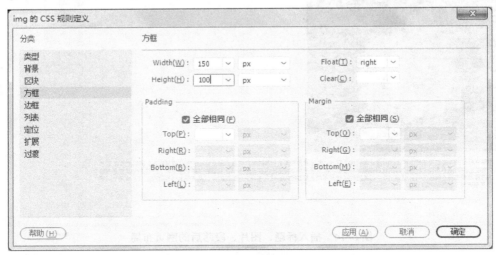

图 6-17 "img 的 CSS 规则定义"对话框

图 6-18 设置图片浮动后的网页布局

2）<div>元素起分段作用，它取代了表格定义布局的方法。使用<table>元素进行文档布局不是表格的正确用法，<table>元素的作用是显示表格化的数据。

3）选择<div>元素对文档进行布局的原因是<div>元素没有特定的含义即没有额外的属性。它不像其他块级元素有自己的独特属性，如<p>元素之间会有空格，<h>元素会自动将文字变大，<table>有默认的边框等。

实例 用 Div 对文档进行布局

步骤

步骤 1 在 Dreamweaver 中新建一个 div-size 类，对文档中的 Div 格式化。新建 HTML 文档，执行"CSS 设计器"→"源"→"+"→"在页面中定义"命令，如图 6-19 所示。

图 6-19 在页面中定义

 注意

Dreamweaver class 选择器：
1）class 选择器用于描述一组元素的样式，class 可以在多个元素中使用。
2）class 选择器在 HTML 中以 class 属性表示，在 CSS 中，类选择器以一个点"."号显示。

步骤 2 添加类，执行"CSS 设计器"→"选择器"→"+"命令，输入类名".div-size"如图 6-20 所示。

图 6-20 新建类".div-size"

步骤 3 添加类属性，执行".div-size"→"属性"→"布局 "命令，设置 width 为 150px；height 为 100px，如图 6-21 所示。执行"背景" 命令，设置背景色为#FF0000，如图 6-22 所示。

图 6-21 设置类".div-size"的宽高属性

图 6-22 设置类".div-size"的背景色

注意

Dreamweaver 属性：

属性窗口里有一个显示集选择框，勾选后表示仅显示已设置属性。

步骤 4 插入第一个 Div，单击设计窗口，执行"插入"→"Div"命令，在弹出的"插入 Div"对话框中选择继承的类".div-size"，ID 为"div-one"，如图 6-23 所示。单击"确定"按钮，元素内容修改为"1 的内容"。

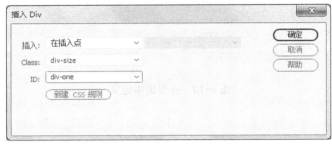

图 6-23 插入第一个 Div

步骤 5 插入第二个 Div，执行"插入"→"Div"命令，在弹出的"插入 Div"窗口选择插入点、继承的类、ID 名，如图 6-24 所示。单击"确定"按钮，元素内容修改为"2 的内容"。

图 6-24 插入第二个 Div

步骤 6 插入第三个 Div，同步骤 5，插入选"在标签后"和"div id="div-two""，单击"确定"按钮，元素内容修改为"3 的内容"。三个 Div 插入完成后，网页布局如图 6-25 所示。

 注意

Dreamweaver 块级元素：

标准文档流中，即使 div-one 的宽度很小，页面中一行可以容下 div-one 和 div-two，div-two 也不会排在 div-one 后边，因为块级元素是独占一行的。

步骤 7 设置文档布局。块级元素默认排列是垂直排列，要想使块级元素水平排列，则需要设置块浮动。执行"CSS 设计器"→"选择器"→"＋"命令，依次为 div-one、div-two 和 div-three 添加 ID 选择器，如图 6-26 所示。

步骤 8 设置不同的文档布局。

设置 div-one 右浮动。单击"选择器"→"#div-one"命令，然后执行"属性"→"布局"→"float"→"▤"命令，如图 6-27 所示。网页布局如图 6-28 所示。

图 6-25 插入第三个 Div 后的网页布局

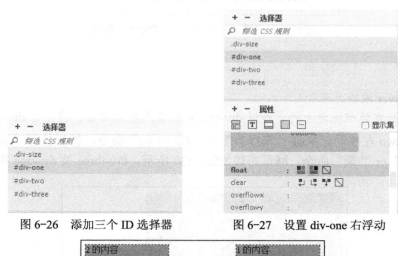

图 6-26 添加三个 ID 选择器　　　　图 6-27 设置 div-one 右浮动

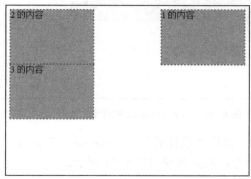

图 6-28 设置 div-one 右浮动后的网页布局

注意

Dreamweaver 块级元素：

设置 div-one 浮动后它将脱离标准流，div-two、div-three 仍然在标准流当中，所以 div-two 自动上移顶替 div-one 的位置，div-two、div-three 依次排列，重新组成一个流。

设置 div-one 左浮动。执行"选择器"→"#div-one"命令，然后执行"属性"→"布局"→"float"→"▇"命令，网页布局如图 6-29 所示，div-two 被 div-one 覆盖了，因为 div-one 是浮动的。

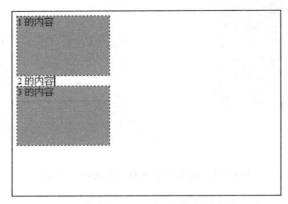

图 6-29　设置 div-one 左浮动后的网页布局

 注意

Dreamweaver 块级元素：

因为浮动是在标准流之上的，所以 div-one 在设置成左浮动后，挡住了 div-two。

设置 div-two 左浮动。执行"选择器"→"#div-two"命令，然后执行"属性"→"布局"→"float"→"▇"命令，网页布局如图 6-30 所示，div-three 被 div-one 覆盖了。

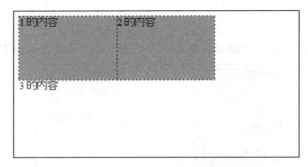

图 6-30　设置 div-two 左浮动后的网页布局

设置 div-three 左浮动。执行"选择器"→"#div-three"命令，然后执行"属性"→"布局"→"float"→"▇"命令，网页布局如图 6-31 所示。

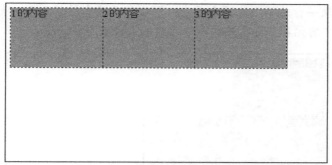

图 6-31 设置 div-three 左浮动后的网页布局

设置 div-one、div-two、div-three 右浮动。依次执行"选择器"以及各 ID 名，然后执行"属性"→"布局"→"float"→"▓"命令，网页布局如图 6-32 所示。

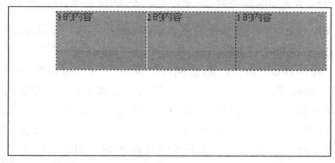

图 6-32 设置 div-one、div-two 和 div-three 右浮动后的网页布局

 注意

Dreamweaver 块级元素：

Div 的顺序是由 HTML 代码中 Div 的顺序决定的。

靠近页面边缘的一端是前，远离页面边缘的一端是后。

右浮动和左浮动基本一样，只需要注意前后关系。由于是右浮动，因此右边靠近页面边缘，所以右边是前。

浮动可以理解为横向排列。

设置 div-one 在一行显示，div-two、div-three 在下一行水平显示。选择"选择器"→"#div-one"命令，然后选择"属性"→"布局"→"float"→"▢"命令，表示不浮动或不设置。选择"选择器"→"#div-two"命令，然后选择"属性"→"布局"→"float"→"▓"命令。选择"选择器"→"#div-three"命令，然后选择"属性"→"布局"→"float"→"▓"命令，网页布局如图 6-33 所示。

 注意

Dreamweaver 块级元素：

某个 Div 元素是浮动的，如果该元素上一个元素也是浮动的，那么该元素会跟随在上一个元素的后边（如果一行放不下这两个元素，那么该元素会被挤到下一行）；如果该元素上一个元素是标准流中的元素，那么该元素的相对垂直位置不会改变。

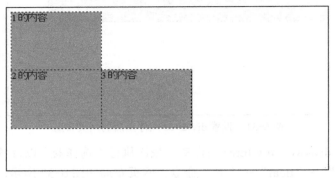

图 6-33　设置 div-one 不浮动，div-two、div-three 左浮动后的网页布局

　　设置 div-one、div-two 水平在一行显示，div-three 在下一行显示。执行"选择器"→"#div-one"命令，然后执行"属性"→"布局"→"float"→"▤"命令，表示左浮动。执行"选择器"→"#div-two"命令，然后执行"属性"→"布局"→"float"→"▤"命令，表示左浮动。div-three 在不设置"float"属性时，是被 div-one 覆盖的，如图 6-29 所示，所以要想 div-three 显示在下一行，就要为 div-three 清除浮动，执行"选择器"→"#div-three"命令，然后执行"属性"→"布局"→"clear"→"↵"命令，表示 div-three 的左侧不能右浮动元素，对于清除浮动一定要牢记：这个规则只能影响使用清除的元素本身，不能影响其他元素。网页布局如图 6-34 所示。

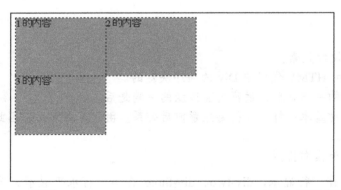

图 6-34　设置 div-one、div-two 左浮动，清除 div-three 浮动后的网页布局

 注意

Dreamweaver 清除浮动的关键字：
　　　　none 为默认值。允许两边都可以有浮动对象。
　　　　left 为不允许左边有浮动对象。
　　　　right 为不允许右边有浮动对象。
　　　　both 为不允许有浮动对象。

子任务 3　HTML <span>元素

HTML <span>元素是内联元素，对文档中的行内元素进行组合。<span>元素没有固定模式，当与 CSS 一同使用时，可对部分文本设置样式属性，而使文本在视觉上产生变化，反之，<span>元素中的文本与其他文本在视觉上不会有任何的差异。

实例　使用<span>元素对文本文字修改。

步骤

步骤 1　新建 HTML 文档，执行"插入"→"段落"命令，元素内容修改为"如果你不能成为山巅的挺松，就作一丛山谷中的灌木吧！如果你不能成为一丛灌木，何妨就作一棵小草；给道路带来一点生气！"，如图 6-35 所示。

图 6-35　插入段落

步骤 2　使用<span>元素对文本中的一部分进行着色。打开"拆分"视图，在代码区对元素内容的某文字进行样式设定。如对"一丛山谷中的灌木"进行文字变色、加粗、变大处理，如图 6-36 所示。

图 6-36　<span>设置文字样式

步骤 3 代码中排版。前文提到过，在代码中，无论多少个空格（非 ""）在浏览器中都被忽视为一个空格，如图 6-37 所示。要想在代码中排版，需要用到换行符`<br/>`和 ""，如图 6-38 所示。

图 6-37 不可实现的代码排版

图 6-38 可实现的代码排版

任务二　CSS 的基础概念

知识导读

CSS 是层叠样式表（Cascading Style Sheets）的缩写，用于定义 HTML 元素的显示形式。是 W3C（万维网联盟）推出的格式化网页内容的标准技术，即利用它可以实现修改一个小的样式，从而更新与之相关的所有页面元素。

子任务 1　CSS 样式

1. CSS 特点

CSS 中的 "C" 表示层叠，即可以对一个元素的某一属性多次进行设置，优先级最高的设置为该元素的属性值；"SS" 表示样式表，是对标题和正文的默认字体、大小、颜色、单个部分的排列间隔、行间距、四周页边距、标题间距离等元素的定义。CSS 的特点如下。

1）提供了丰富的样式定义。

2）易于使用、修改。

3）多页面应用。

4）层叠。

5）页面压缩。

2. CSS 文件链接 HTML 的三种方式

本知识点在模块三也有介绍，此处再介绍一下。

1）当有多个网页要用到的 CSS 时，则采用外联 CSS 文件的方式，好处在于网页的代码大大减少，修改方便。

```
<link href="文件名.CSS" rel="stylesheet" type="text/CSS" />
```

href 指 CSS 文件所在路径。

rel 指关联的是一个样式表（stylesheet）文档，它表示这个 link 在文档初始化时将被使用。

type 则告诉浏览器内容是 text 或者 CSS 的，如果某种浏览器（特别是 wap 等手机浏览器）不能识别 CSS 的，会将代码认为是 text，从而不显示也不报错。

实例　外联 CSS 文件

步骤

步骤 1　编写 CSS 代码。首先将 CSS 代码单独写到 Windows 自带的记事本中，保存

143

为 ".css" 的 CSS 文件, 如图 6-39 所示。

图 6-39　编写 CSS 文件

步骤 2　链接 CSS 文件。新建 HTML 文档, 执行 "文件" → "附加样式表" 命令, 弹出 "使用现有的 CSS 文件" 对话框, 如图 6-40 所示。单击 "浏览" 按钮, 选择 CSS 文件路径; 添加为: 链接; 单击 "确定" 按钮, 代码中出现<link>元素。

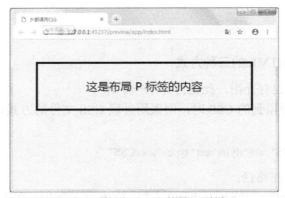

图 6-40　"使用现有的 CSS 文件" 对话框

步骤 3　文档中插入段落。在 "设计" 视图中插入段落。网页布局如图 6-41 所示。

这是布局 P 标签的内容

图 6-41　外联 CSS 文件的网页样式

只在单个网页中使用的 CSS, 采用文档头部方式, 将 CSS 写在代码的<head>标签内。以<style>开头, </style>结尾, 这样的样式表只针对本页有效, 不能作用于其他页面。

```
<style type="text/css">
样式定义;
</style>
```

实例 内联 CSS

步骤 1 新建内联 CSS。新建 HTML 文档,执行"CSS 设计器"→"源"→" + "→"在页面中定义"命令,如图 6-42 所示,代码的<head>标签内出现了<style>标签。

图 6-42 创建内联 CSS

步骤 2 将上一例子的 CSS 代码写在<style>标签里,代码如图 6-43 所示。

```
1    <!doctype html>
2  ▼ <html>
3  ▼ <head>
4    <meta charset="utf-8">
5    <title>内联CSS</title>
6  ▼ <style type="text/css">
7        Body
8  ▼    {
9        background-color: #E3F900;
10       margin: 60px;
11       border-style:solid;
12       border-width:5px;
13       Padding: 10px;
14       Font-Size: 30px;
15       Font-Family: Tahoma, Verdana, Arial, Helvetica, Sans-Serif;
16       Text-Align: Center;
17   }
18   </style>
19   </head>
20
21   <body><p>这是布局 P 标签的内容</p>
22   </body>
23   </html>
24
```

图 6-43 内联 CSS 代码

2)在一个网页中只有一、两处用到 CSS,采用行内插入方式。

行内样式是在标签内以 style 标记的,且只针对标签内的元素。

<开始标签 style="样式定义"> 元素内容 <结束标签>

实例 给段落设置背景色、给段落中某一部分文字设置背景色

步骤 1 新建 HTML 文档,在"设计"视图中插入段落,输入元素内容。图 6-44 所示为未加行内 CSS。

145

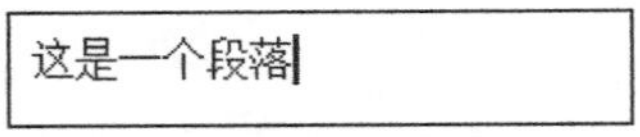

这是一个段落|

图 6-44　未加行内 CSS

步骤 2　添加行内 CSS 设置背景色，需要在代码中添加。

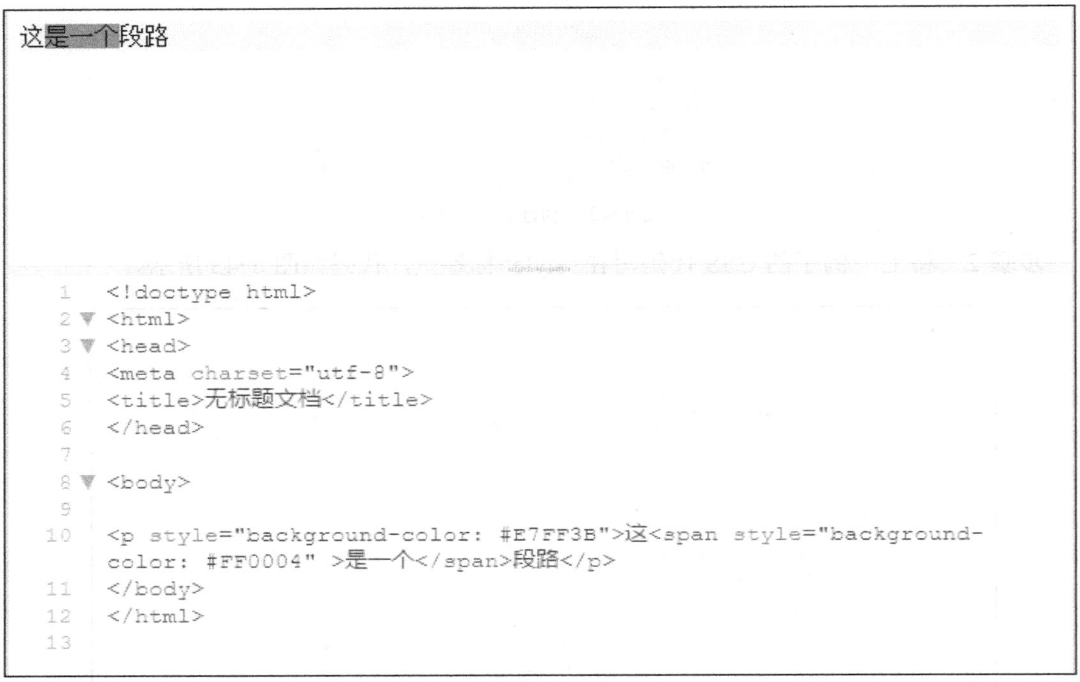

这是一个段路

```
1    <!doctype html>
2 ▼  <html>
3 ▼  <head>
4    <meta charset="utf-8">
5    <title>无标题文档</title>
6    </head>
7
8 ▼  <body>
9
10   <p style="background-color: #E7FF3B">这<span style="background-
     color: #FF0004" >是一个</span>段路</p>
11   </body>
12   </html>
13
```

图 6-45　行内 CSS 显示效果

3．CSS 的优先级

因为 CSS 叫"层叠样式表"，所以 CSS 文件链接 HTML 的三种方式可以在一个网页中混用，且不会造成混乱。

在显示网页时，浏览器先检查有没有行内 CSS，如果有，则执行，不执行其他 CSS；其次检查头部的内联 CSS，有，则执行；在前两者都没有的情况下再检查外连 CSS。

因此可看出，三种 CSS 的执行优先级是：行内 CSS>内联 CSS>外联 CSS。

实例　决定文字大小

━━ **步骤**

步骤 1　创建外联 CSS。新建 HTML 文档，执行"CSS 设计器"→"源"→"＋"→"创建新的 CSS 文件"命令，如图 6-46 所示，在弹出的"创建新的 CSS 文件"对话框中，单击"浏览"按钮，在弹出的"将样式表文件另存为"对话框中，选择保存路径，输入样式表文件名，如图 6-47 所示。

图 6-46　创建外联 CSS

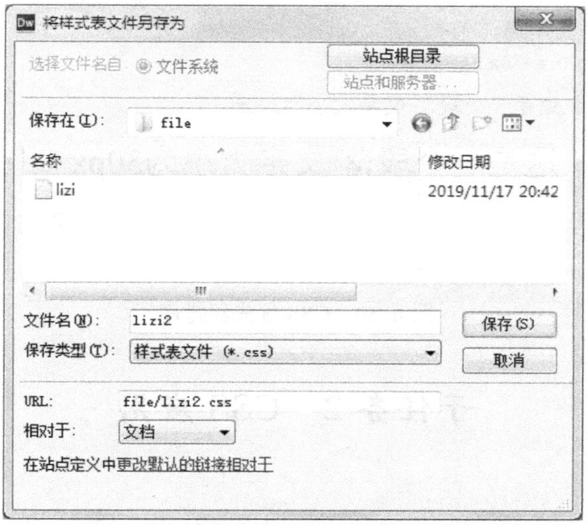

图 6-47　"将样式表文件另存为"对话框

步骤 2　在外联 CSS 中设置文字样式。单击"保存"按钮后，返回"创建新的 CSS 文件"对话框，单击"确定"按钮，如图 6-48 所示。

图 6-48　"创建新的 CSS 文件"对话框

步骤 3　单击"确定"按钮，外联 CSS 创建成功，如图 6-49 所示。在源代码旁出现链接的 CSS 文件，单击该文件，进行编辑。键入"body{font-size: 30px}p{font-size: 30px}"，定义全局文字大小为 30px，段落文字大小为 30px。

图 6-49　链接到外联 CSS

步骤 4　创建内联 CSS。执行"源文件"→"CSS 设计器"→"源"→"＋"→"在页面中定义"命令，代码中键入"p{font-size: 20px}"。

步骤 5 创建行内 CSS。插入段落，元素内容为"这是一个段落　文字大小为 10px"。代码中键入"<p style="font-size: 10px ">这是一个段落　文字大小为 10px</p>"，再插入一个无行内 CSS 的段落，元素内容为"这是一个段落　文字大小为 20px"，<body>内直接键入元素内容"这是一个段落　文字大小为 30px"。CSS 优先级排序，显示如图 6-50 所示。

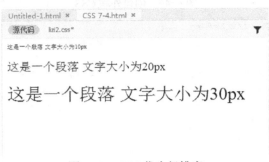

图 6-50　CSS 优先级排序

子任务 2　CSS 应用

1．CSS 盒模型

在 CSS 中，盒模型用来设计和布局。

1）CSS 盒模型的本质像一个盒子，变着花样地封装范围内的 HTML 元素。包括边界、边框、填充和内容，如图 6-51 所示。具体说明如下。

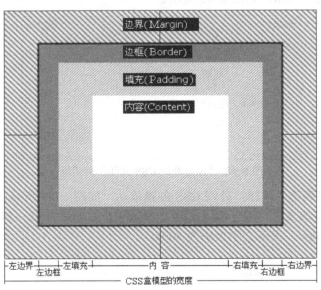

图 6-51　CSS 盒模型

边界（Margin）：清除边框外的区域，是透明的，默认值为 0。

边框（Border）：围绕在填充和内容外的边框，默认值为 0。

填充（Padding）：清除内容周围的区域，是透明的，默认值为 0。

内容（Content）：盒子的内容，显示文本和图像。

2）为了更好地理解，可以视 CSS 盒模型为田字格里的汉字。

内容是所写汉字；填充则是汉字与田字格边的留白之处；边框是田字格的边框；边界是田字格与田字格的空隙，如图 6-52 所示。

图 6-52　盒模型与田字格等同

3）CSS 盒模型的工作原理是为了正确设置元素在所有浏览器中的宽度和高度，当指定一个含有 CSS 的元素的宽度和高度属性时，只是设置了内容（Content）区域的宽度和高度。而一个完全大小的元素，还包括填充，边框和边界的宽、高。

实例　如何计算元素总宽度

步骤

步骤 1　插入前提。新建 HTML 文档，执行"CSS 设计器"→"插入"→"标题：H2"命令设置元素内容：CSS 盒模式，执行"CSS 设计器"→"插入"→"段落"命令，设置元素内容：盒模型的宽度=边界+边框+填充+内容。

步骤 2　插入 Div。执行"CSS 设计器"→"插入"→"Div"命令，设置 ID 为"div1"，元素内容为"此处为 div1 的内容，且设置了边界、边框及填充"；再插入一个 Div，设置 ID 为"div2"，元素内容为"此处为 div2 的内容，没有设置边界、边框及填充"，如图 6-53 所示。

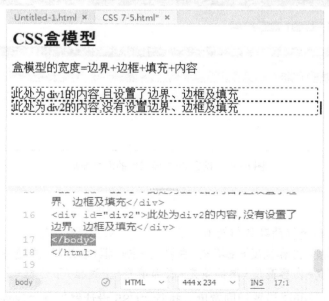

图 6-53　设置盒模型前准备

步骤 3　为 div1 添加样式。执行"CSS 设计器"→"选择器"→"＋"命令，依次添加#div1、#div2。在"选择器"中选定#div1，在"CSS 设计器"中，"属性"窗口的"▦"布局里设置 margin（边界）为 30px，padding（填充）为 30px，如图 6-54 所示。在"▢"里设置边框的宽度、样式和颜色，如图 6-55 所示。在"▨"里设置背景颜色，如图 6-56 所示。

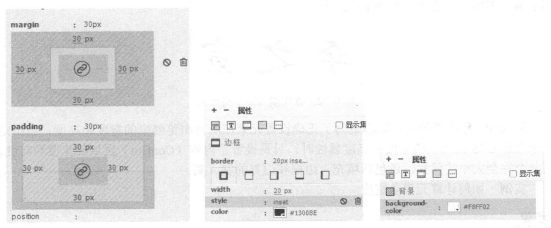

图 6-54　设置边界、填充　图 6-55　设置边框的宽度、样式和颜色　图 6-56　设置背景颜色

步骤 4　为 div2 添加样式。为作对比，div2 不设置边界、填充和边框，只设置背景色。网页布局如图 6-57 所示。

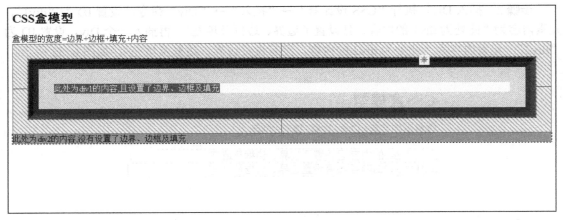

图 6-57　设置 div2 样式后的网页布局

 注意

1）边界、填充和边框的默认值为 0。

2）总元素的宽度=内容宽度+左填充+右填充+左边框+右边框+左边界+右边界。

3）总元素的高度=内容高度+顶部填充+底部填充+上边框+下边框+上边界+下边界。

步骤 5　为 div1、div2 设置相同宽度。执行"CSS 设计器"→"属性"→"▦"命令，在布局里设置 width 为 100px，网页布局如图 6-58 所示。

注意

1）width、height 属性只是设置了内容区域的宽度和高度。
2）背景色包括内容、填充和边框，不包括边界。

2．CSS 应用

1）定义 HTML 元素的背景。设置背景的相关属性，如图 6-59 所示。主要包含如下属性：
background-color：可修改元素背景色。
background-image：可为元素添加背景图。
background-repeat：可设置背景图平铺样式。
background-pisition：可设置背景图固定位置。

图 6-58　设置 div1、div2 的宽度后的网页布局

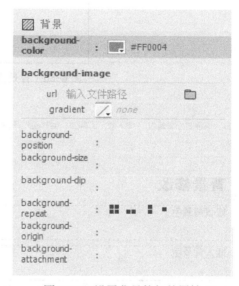

图 6-59　设置背景的相关属性

实例　背景的修改

步骤

步骤 1　布局。新建 HTML 文档，执行"CSS 设计器"→"插入"→"标题：H2"命令，设置元素内容为"背景修改"。执行"CSS 设计器"→"插入"→"div"命令，依次插入 4 个 Div，指定 ID 分别为 div1、div2、div3、div4，元素内容分别为"修改背景色""插入背景图""背景图不平铺""背景图定位"，如图 6-60 所示。

步骤 2　设置 Div 样式。执行"CSS 设计器"→"源"→"＋"→"在页面中定义"命令，执行"CSS 设计器"→"选择器"→"＋"命令，键入 div，重新定义 Div 属性，各参数如图 6-61 所示。

步骤 3　修改背景。执行"CSS 设计器"→"选择器"→"＋"命令，分别键入#div1、

151

#div2、#div3、#div4，在样式表中添加各 ID。

选中#div1，执行"CSS 设计器"→"选择器"→"#div1"→"属性"→"▧"命令，修改背景色为"红色"。

选中#div2，添加背景图，默认满屏铺。

选中#div3，添加背景图，选择"▮"（垂直平铺）、"▬"（水平平铺）和"▦"（满屏铺）。

选中#div4，添加背景图，选择"▪"（不平铺），设置横向为 60px，纵向为 10px。网页布局如图 6-62。

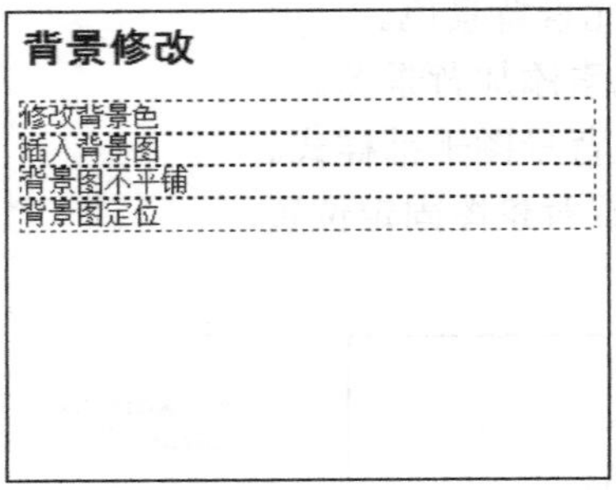

图 6-60　背景修改后的网页布局

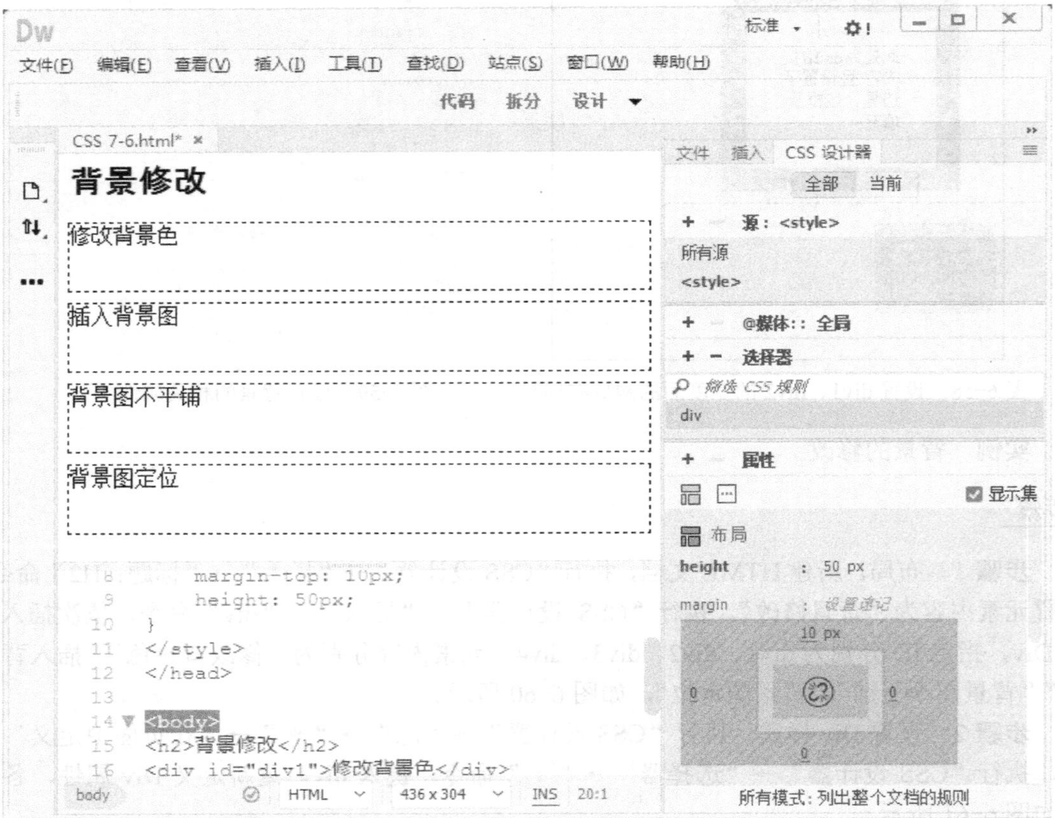

图 6-61　Div 样式

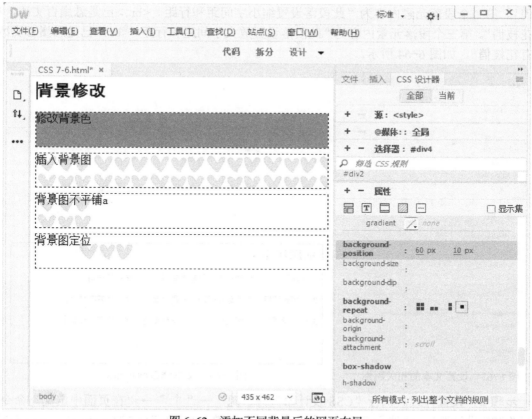

图 6-62　添加不同背景后的网页布局

 注意

背景图的实际尺寸有多大，Dreamweaver 就显示多大。背景图大小只能在图像处理软件中设置。

2）定义 HTML 元素的文本。主要包含如下属性，如图 6-63 所示。

color：文本的颜色。

font 相关属性：文本字体、字号、样式等。

text-align：文本对齐方式。

text-transform：指定文本中的大写和小写字母。

line-height：行高。

letter-spacing：字间距。

实例 1　文本的颜色、文本对齐修改

步骤

步骤 1　布局。新建 HTML 文档，执行"CSS 设计器"→"插入"→"标题：H2"命令，设置元素内容为"标题居中"。插入 3 个段落，执行"CSS 设计器"→"插入"→"段落"命令。第一个段落元素内容为"此段落不设字间距和行距。\<br /\>已是悬崖百丈冰，犹有花枝俏"。第二个段落元素内容为"此段落设置缩小字间距和行距。
已是悬崖百丈冰，犹有花枝俏"。第三个段落元素内容为"此段落设置放大字间距和行距。
已是悬崖百丈冰，犹有花枝俏"，如图 6-64 所示。

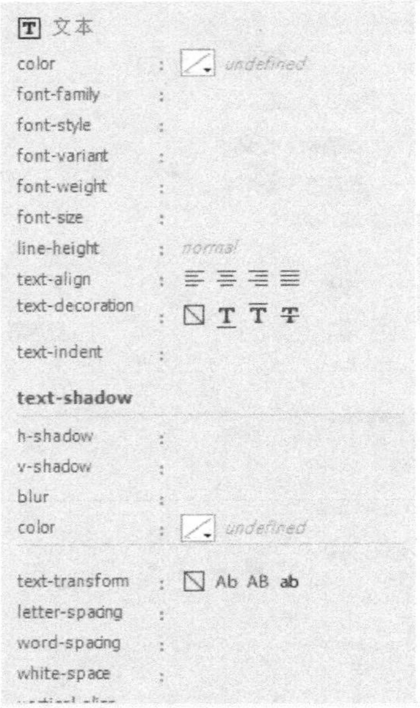

图 6-63　设置文本的相关属性

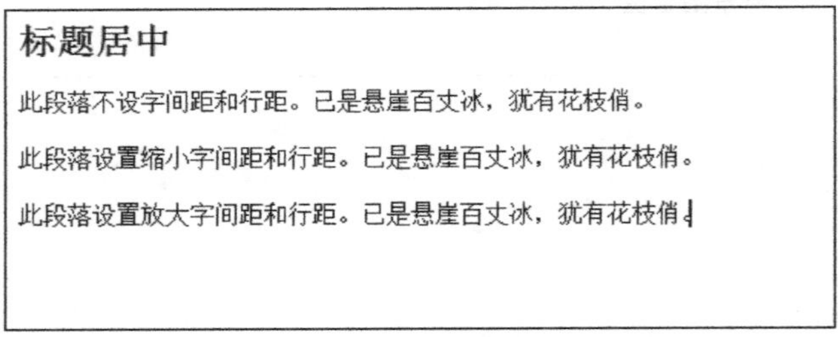

图 6-64　文本修改网页布局

步骤 2　设置样式。执行"CSS 设计器"→"源"→"➕"→"在页面中定义"命令，执行"CSS 设计器"→"选择器"→"➕"命令，分别键入"body""h2""p.style1""p.style2"，如图 6-65 所示。

图 6-65　创建各选择器

步骤 3　添加样式。执行"CSS 设计器"→"选择器"→"body"→"属性"→"文本"→"color"命令，设置为红色。执行"CSS 设计器"→"选择器"→"h2"→"属性"→"文本"→"color"命令，设置为蓝色，"text-align"设置为"≡"居中。执行"CSS 设计器"→"选择器"→"p.style1"→"属性"→"line-height"命令，设置为"-10px"，同理"letter-spacing"设置为"-10px"。

执行"CSS 设计器"→"选择器"→"p.style2"→"属性"→"line-height"命令，设置为"10px"，同理"letter-spacing"设置为"30px"。

步骤 4　应用样式。打开代码，通过指针，为段落选择各自类，即在开始标签<p>的">"之前键入空格，会自动出现一些 HTML 元素的标准特性，选择"class"，如图 6-66 所示，会自动出现自定义的类，如图 6-67 所示。为第二段落的<p>开始标签添加类".style1"，为第三段落的<p>开始标签添加类".style2"。修改文本颜色、行高和字间距的最终显示效果如图 6-68 所示。

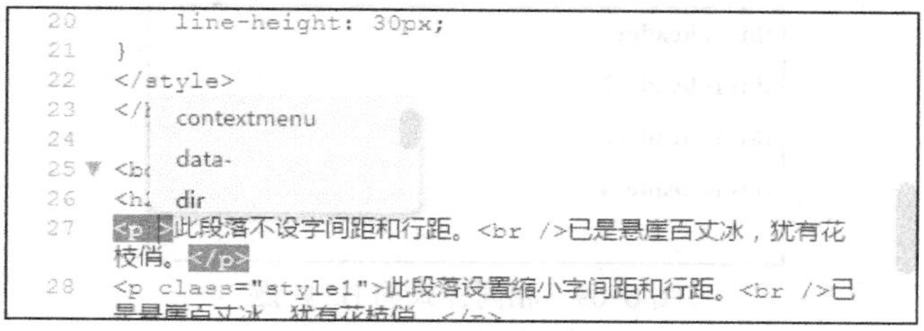

图 6-66 选择"class"

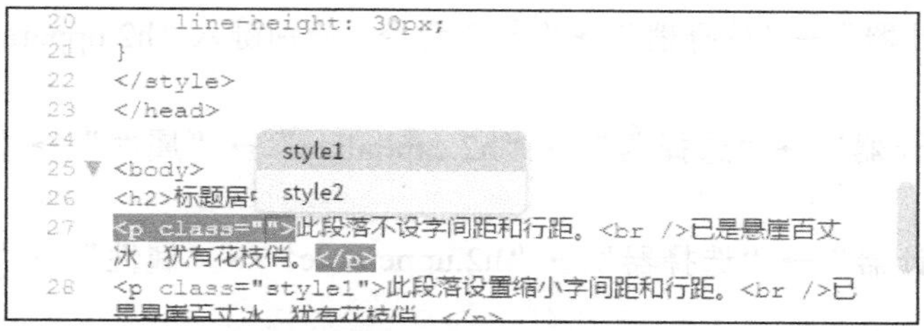

图 6-67 选择自定义类

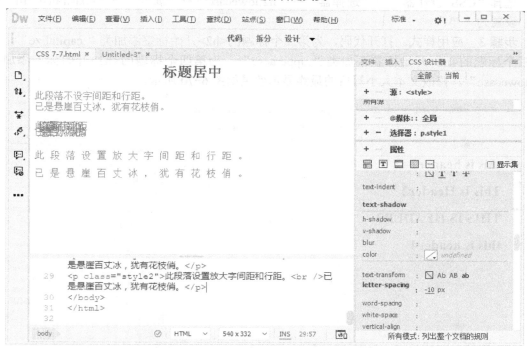

图 6-68 修改文本颜色、行高和字间距

实例 2 大小写变换

步骤

步骤 1 布局。新建 HTML 文档。执行"CSS 设计器"→"插入"→"标题：H2"命令，

插入 4 个 H2 标题，元素内容分别为"this is header1""this is header2""this is header3""this is header4"，如图 6-69 所示。

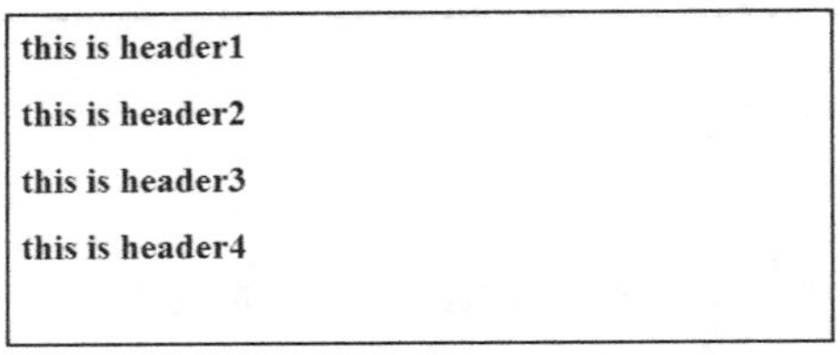

this is header1

this is header2

this is header3

this is header4

图 6-69　相同样式的 H2 标题

步骤 2　添加样式。

选择"CSS 设计器"→"选择器"→" + "命令，分别键入"h2.upperacse""h2.lowecase" "h2.capitalize"。

选择"CSS 设计器"→"选择器"→"h2.capitalize"→"属性"→"text-transform"命令，设置为" Ab "。

选择"CSS 设计器"→"选择器"→"h2.upperacse"→"属性"→"text-transform"命令，设置为" AB "。

选择"CSS 设计器"→"选择器"→"h2.lowecase"→"属性"→"text-transform"命令，设置为" ab "。

步骤 3　应用样式。打开代码，为第二个标题的<h2>开始标签添加类".capitalize"，为第三个标题的<h2>开始标签添加类".upperacse"，为第四个标题的<h2>开始标签添加类".lowecase"。修改文本大小写后的最终显示效果如图 6-70 所示。

图 6-70　修改文本大小写的最终显示效果

任务三 Div+CSS 网页布局

本任务将已学过的 Div 和 CSS 应用到网页的制作中。

网页设计中，宽度不是绝对固定的。网页尺寸由两个因素决定：一是显示器屏幕，二是浏览器软件。

网页的宽度约等于屏幕大小减去 22px，如 1024px 宽的屏幕，其网页宽度不大于 1002px，一般设定为 950px 或 960px。

设置网页宽度是为了用浏览器打开网页时，不用使用横向滚动条，便于查看网页。与此同时，两边留白的网页更具可视性。

子任务 自适应网页

自适应网页，就是网页随浏览器窗口大小的改变而调整大小。如今，显示器的分辨率越来越高，本任务以 1366×768 的屏幕为例，讲解两边留白、宽度为 1026px 的网页布局过程。

1．制作网页前期准备

制作网页的前期准备如下：

1）确定题材。

2）确定相关内容和图片。

3）确定相关规划和排版。通常一个网页包括标题栏、导航条、内容框、信息栏和底部。

2．制作网页

网页通常有以下元素：文字数据、图像文件、Applet（在页面内运行的副程序）、超链接、客户端脚本、层叠样式表等。本任务将题材及相关内容省略，从排版开始。

步骤

步骤 1 执行"文件"→"新建"命令，新建网页文件。

步骤 2 执行"编辑"→"首选项"命令，弹出"首选框"对话框，如图 6-71 所示。执行"分类"→"窗口大小"→"＋"命令，在输入框里输入"1026"，单击"应用"按钮。

步骤 3 创建外联 CSS 文件。选中外联 CSS 文件，执行"CSS 设计器"→"源"→"＋"→"创建新的 CSS 文件"命令，弹出"创建新的 CSS 文件"对话框，单击"浏览"按钮，选择路径文件名，单击"确认"按钮，回到"创建新的 CSS 文件"对话框，单击"确定"按钮，外联 CSS 文件创建成功，如图 6-72 所示。

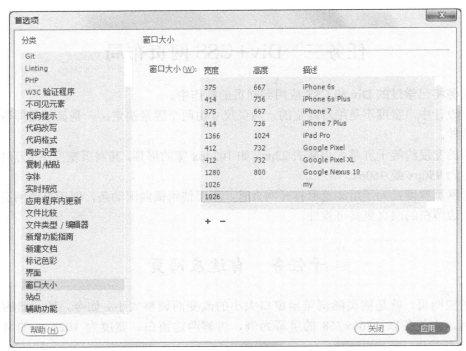

图 6-71 "首选项"对话框

图 6-72 创建外联 CSS 文件

步骤 4 创建全局属性。执行"CSS 设计器"→"选择器"→"＋"命令，在输入框中输入"＊"，按回车键确定，执行"CSS 设计器"→"选择器"→"＊"→"属性"→"布局"→"box-sizing"命令，选择"border-box"，如图 6-73 所示。

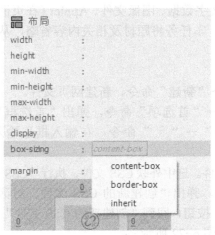

图 6-73 选择盒模型

信息卡

border-box 改变了属性 width 的设定，由原来的单纯内容宽度变为了"内容+填充+边框"的宽度，这样方便了块级元素并列显示时宽度的计算。

步骤 5 定义 body 属性。制作一个整体为灰色底的网页。执行"CSS 设计器"→"选择器"→" + "命令，在输入框中输入"body"，按回车键确定，执行"属性"→"布局"，设置"width"为 80%、设置"margin"为左、右外边界"auto"，执行"属性"→"背景"→"background-color"命令，选择颜色为"#F0F0F0"，如图 6-74 所示。

图 6-74　定义 body 属性

步骤 6 定义各部分名称。网页页面一般分为头部、中部和尾部。为了后期的维护，尽量使用统一的元素命名方式。例如，标题为 header、内容为 content/container、页脚为 footer、导航为 nav、侧栏为 sidebar、栏目为 column、左右中为 left right center、页面主体为 main、提示信息为 msg 等

可将网页想象成"人"，body 就是整个身体；标题就是头部；导航就是脖子；页面主体、内容、侧栏等就是内脏、胳膊和腿；提示信息等就是脚。因为身体各部分内部还有东西，所以将他们定义为类 class，而这些内部的东西具有各自的特点，所以定义成 ID。

先定义类，以头部为例。执行"CSS 设计器"→"选择器"→" + "命令，输入"header"，这样头部的类就建好了。在"选择器"中选择"header"，执行"属性"→"布局"→"padding"命令，设置为 50px，执行"属性"→"文本"→"font-family"命令，设置背景为"华文中宋"，同理设置"font-weight"为"bold"，"text-align"为" ≡ "，执行"属性"→"背景"→"background-color"命令，设置为白色，如图 6-75 所示。

同理，依次添加类.topnav、.maincontent、.sidebar、.footer，如图 6-76 所示。

图 6-75 header 属性

图 6-76 定义其他类

步骤 7 制作头部。以 Div 块级元素为布局手段，为头部建盒模型。单击源代码，回到"设计"视图，执行"插入"→"HTML"→"Div"命令，弹出"插入 Div"对话框，class 选择 header，单击"确定"按钮。

头部将网页主题分为上下两部分：上部分为标题，标题又分为两部分，一部分为英文显示，定义成类".yw_header"；另一部分为中文，定义成类".zw_header"。下部分为一段落，定义成类".p_header"。在选择器中添加上述三个类。

执行"插入"→"HTML"→"标题：H1"命令，打开代码。

在<h1>中指定类<h1 class="yw_header">，执行"CSS 设计器"→"选择器"→".yw_header"命令，执行"属性"→"文本"命令，设置类 yw_header 属性，如图 6-77 所示。

图 6-77 .yw_header 属性

为"标题"二字添加<span>标签，且指定类".zw_header"，设置类".zw_header"的属性，如图 6-78 所示。

在<h1>标签下，再插入一个段落<p>并为其指定类".p_header"，元素内容为"this is a header"，设置类属性如图 6-79 所示。

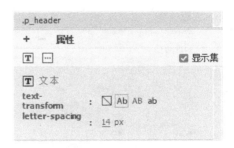

图 6-78 .zw_header 属性   图 6-79 .p_header 属性

至此，网页头部的简单设置完成，如图 6-80 所示。

图 6-80 网页头部

步骤 8 创建导航盒模型。在头部盒子下再插入 Div，执行"插入"→"HTML"→"Div"命令，弹出"插入 Div"对话框，class 选择".topnav"，单击"确定"按钮。设置类".topnav"的属性，如图 6-81 所示。

图 6-81 .topnav 属性   图 6-82 插入 Hyperlink

单击导航盒模型，执行"插入"→"HTML"→"Hyperlink"命令，弹出"Hyperlink"对话框，在"文本"处录入"链接"，如图 6-82 所示。

将行内元素\<a\>转化为块级元素，用于设置背景色和尺寸，新建类".topnav a"，设置属性，如图 6-83 所示。

因为是链接，所以定义一个鼠标经过事件的类".topnav a:hover"，设置属性，如图 6-84所示。至此导航条设置完毕，如图 6-85 所示。

步骤 9 创建主体内容盒模型。在导航栏盒模型下再插入 Div，执行"插入"→"HTML"→"Div"命令，弹出"插入 Div"对话框，class 选择".maincontent"，单击"确定"按钮。设置类".maincontent"的属性，如图 6-86 所示。

布局
display : block
padding : 设置速记

14 px
18 px ⌒ 18 px
14 px

float :

T 文本
color : #ED4E58
text-decoration :

背景
background-color : #000000

··· 更多
设为默认 : 默认值

所有模式:列出整个文档的规则

图 6-83 .topnav a 属性

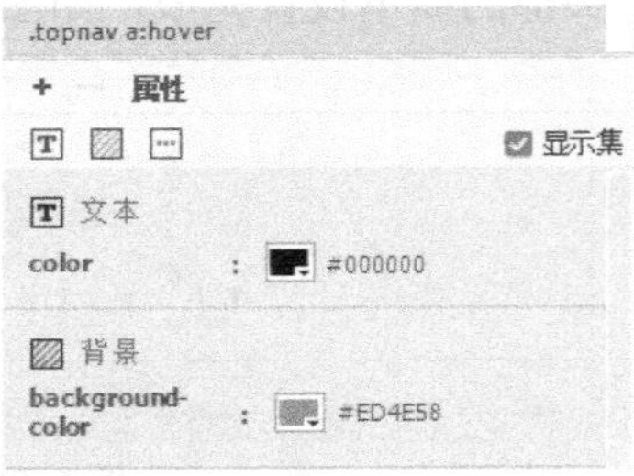

.topnav a:hover
+ 属性
T 📁 ··· ☑显示集
T 文本
color : #000000

背景
background-color : #ED4E58

图 6-84 .topnav a:hover 属性

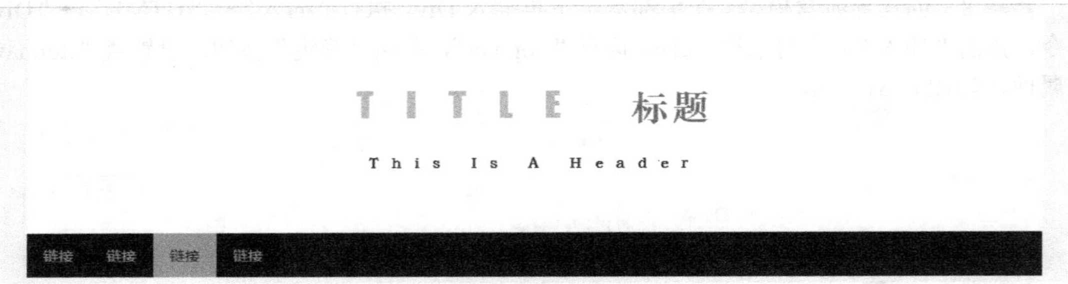

TITLE 标题

This Is A Header

链接 链接 链接 链接

图 6-85 导航条效果

布局
width : 70 %
float :

图 6-86 .maincontent 属性

制作主体内容。主体内容也分块处理，首先建一个文档的块，为其建类".text"，设置属性，如图 6-87 所示。

在文档块里插入一个标题<h2>。选中主体块，执行"插入"→"HTML"→"标题：H2"命令，元素内容设置为"文章标题"。

在<h2>后插入<p>，设置元素内容为"作者："。对<p>采用行内样式，定义字体样式为斜体，即<p style="font-style: italic">作者：</p>。

在段落<p>之后，创建类".maincontent_img"，插入一个 Div，继承该类，设置其属性，如图 6-88 所示。

162

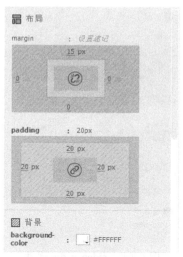

图 6-87 .text 属性

图 6-88 .maincontent_img 属性

图片块级使用行内样式来定义：

<div class="maincontent_img" style="height: 200px;background-image: url(image/11.jpg)">图片</div>

这里将图片当作背景，也可插入图片。在图片之后插入一些段落，这样主体内容便制作完成，效果如图 6-89 所示。

图 6-89 主体内容效果

步骤 10 创建侧栏盒模型。在主体内容盒模型下再插入 Div，执行"插入"→"HTML"→"Div"命令，弹出"插入 Div"对话框，class 选择".sidebar"，单击"确定"按钮。设置类".sidebar"的属性，如图 6-90 所示。

规划侧栏内容。插入一个 Div，为其建类 sidebar_div，设置属性，如图 6-91 所示，元素内容为一个<h3>标签、一个图片继承类".maincontent_img"，利用行内样式定义图片高和颜色、一个<p>标签。

163

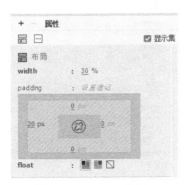

图 6-90 .sidebar 属性

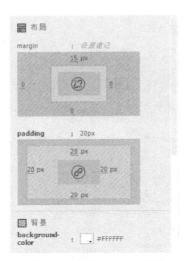

图 6-91 .sidebar_div 属性

同理可再插入一个 Div，继承类"sidebar_div"，元素内容为一个<h3>标签、二个图片继承类".maincontent_img"，利用行内样式定义图片高和颜色、一个<p>标签。可再插入一个 Div，继承类"sidebar_div"，元素内容为一个<h3>标签、一个<p>标签，效果如图 6-92 所示。

步骤 11 建底部盒模型。在侧栏盒模型下再插入 Div，执行"插入"→"HTML"→"Div"命令，弹出"插入 Div"对话框，class 选择".footer"，单击"确定"按钮。设置类".footer"的属性，如图 6-93 所示。

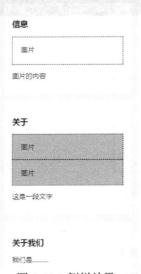

图 6-92 侧栏效果

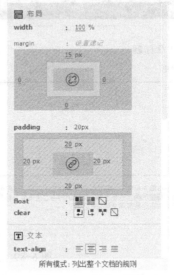

图 6-93 .footer 属性

因为主体内容和侧栏都是浮动的，要想将底部放到它们下面，则需要对 footer 设置浮动，然后再清除浮动。

为什么对 footer 设置浮动，因为当 clear 应用于非浮动块时，它将元素的边框边界移动到所有相关浮动元素外边界的下方。这个行为作用时，会导致外边距折叠不起作用。

至此，网页基本框架设计完毕。最终效果如图 6-94 所示。

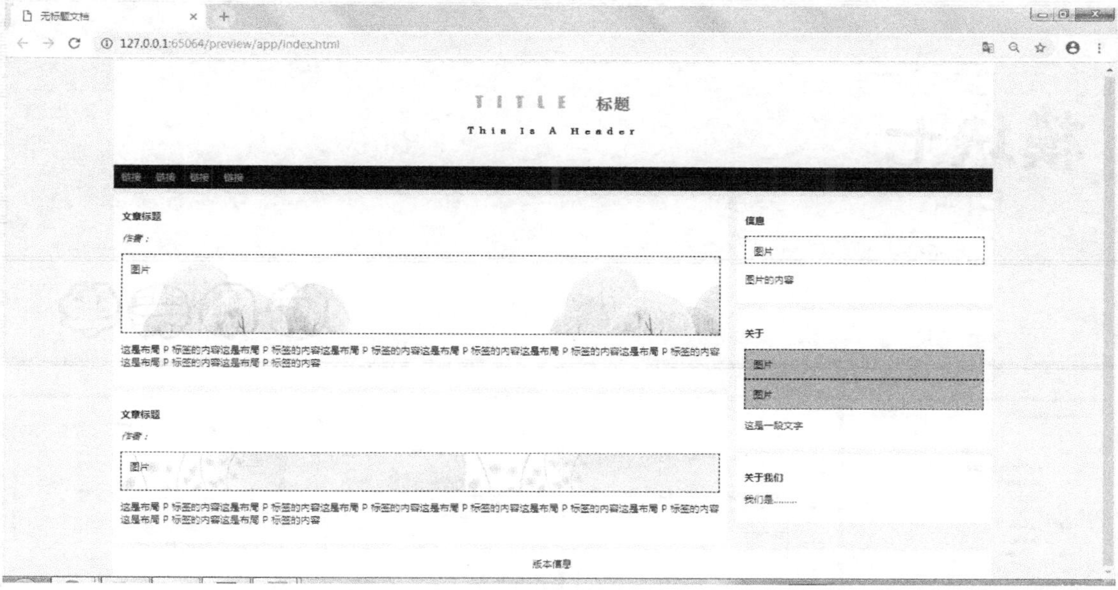
无标题文档
127.0.0.1:65064/preview/app/index.html
TITLE 标题
This Is A Header
链接 链接 链接 链接
文章标题
作者：
图片
这是布局 P 标签的内容这是布局 P 标签的内容这是布局 P 标签的内容这是布局 P 标签的内容这是布局 P 标签的内容这是布局 P 标签的内容这是布局 P 标签的内容这是布局 P 标签的内容
信息
图片
图片的内容
关于
图片
图片
这是一段文字
文章标题
作者：
图片
这是布局 P 标签的内容这是布局 P 标签的内容这是布局 P 标签的内容这是布局 P 标签的内容这是布局 P 标签的内容这是布局 P 标签的内容这是布局 P 标签的内容这是布局 P 标签的内容
关于我们
我们是……
版本信息

图 6-94　最终效果

模块七

本模块导读

　　表单是网页中能够让浏览者与网页制作者进行交流的元素。在各种网站中，表单扮演着相当重要的角色，由这些表单配合相关程序，使得网页可以收集、分析用户的反馈意见，做出科学、合理的决策，这是一个网站成功的重要因素。

　　本模块主要讲解表单及表单对象在网页中的应用及其属性设置，从而能创作出带表单的静态网页。并且详细介绍了"文本域和隐藏域""复选框和单选按钮""列表和菜单""表单按钮"等几项常用表单对象的设置与使用。通过实例来讲解表单对象的综合运用，加深读者对表单功能的理解。

本模块要点

● 网页中表单的概念
● 在网页中插入表单并设置其属性
● 各表单对象的使用
● 表单对象的属性设置
● 用表单制作留言板网页

任务一　创 建 表 单

知识导读

目前很多网站都要求访问者填写各种表单进行注册，从而收集用户资料、获取用户订单，表单已成为网站实现互动功能的重要组成部分。表单是网页管理者与访问者之间进行动态数据交换的一种交互方式。

从表单的工作流程来看，表单的开发分为两部分，一部分是在网页上制作具体的表单项目，这一部分称为前端，主要在 Dreamweaver 中制作；另一部分是编写处理表单信息的应用程序，这一部分称为后端，如 ASP、CGI、PHP、JSP 等。本模块内容主要讲解的是前端的设计，后台的开发将在以后介绍。

子任务 1　了解表单的概念

表单是实现动态网页的一种主要的外在形式，可以使网站的访问者与网站之间轻松地进行交互。使用表单，可以帮助 Internet 服务器从用户那里收集信息，实现用户与网页上的功能互动。通过表单可以收集站点访问者的信息，可以用作调查工具或收集客户登录信息，也可用于制作复杂的电子商务系统。

子任务 2　认识表单对象

表单相当于一个容器，它容纳的是承载数据的表单对象，如文本框、复选框等。因此一个完整的表单包括两部分：表单及表单对象，二者缺一不可。

用户可以通过单击"插入"→"表单"来插入表单对象，"表单"菜单栏如图 7-1 所示。

1）表单：在文档中插入表单。任何其他表单对象，如文本域、按钮等，都必须插入表单之中，这样所有浏览器才能正确处理这些数据。

2）文本：可接受任何类型的字母或数字项。输入的文本可以显示为单行或者显示为项目符号或星号（用于保护密码）。文本框用来输入比较简单的信息。

3）文本区域：如果需要输入建议、需求等大段文字，这时通常使用带有滚动条的文本区域。

4）隐藏：可以在表单中插入一个可以存储用户数据的域。使用隐藏域可以存储用户输入的信息，如姓名、电子邮件地址或爱好的查看方式等，以便该用户下次访问站点时可以再次使用这些数据。

5）复选框：在表单中插入复选框。复选框允许在一组选项中选择多项，用户可以选择任意多个适用的选项。

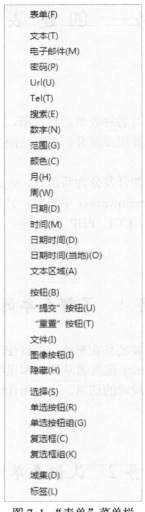

表单(F)
文本(T)
电子邮件(M)
密码(P)
Url(U)
Tel(T)
搜索(E)
数字(N)
范围(G)
颜色(C)
月(H)
周(W)
日期(D)
时间(M)
日期时间(D)
日期时间(当地)(O)
文本区域(A)
按钮(B)
"提交"按钮(U)
"重置"按钮(T)
文件(I)
图像按钮(I)
隐藏(H)
选择(S)
单选按钮(R)
单选按钮组(G)
复选框(C)
复选框组(K)
域集(D)
标签(L)

图7-1 "表单"菜单栏

6）单选按钮：在表单中插入单选按钮。单选按钮代表互相排斥的选择。选择一组中的某个按钮，就会取消选择该组中的所有其他按钮。例如，用户可以选择"是"或"否"。

7）单选按钮组：插入共享同一名称的单选按钮的集合。

8）复选框组：在表单中插入复选框组。复选框组允许在一组选项中加入多项复选框，用户可以选择任意多个适用的选项。

9）图像按钮：可以在表单中插入图像。可以使用图像域替换"提交"按钮，以生成图形化按钮。

10）文件：可在文档中插入空白文本域和"浏览"按钮。用户可以浏览到其硬盘上的文件，并将这些文件作为表单数据上传。

11）按钮：在表单中插入文本按钮。按钮在单击时执行任务，如提交或重置表单。可以为按钮添加自定义名称或标签，或者使用预定义的"提交"或"重置"标签之一。

12）标签：可在文档中给表单加上标签，以<label>…</label>形式开头和结尾。

13）密码：创建一个文本字段，输入的文本显示为星号（用于保护密码）。

子任务 3 插 入 表 单

1．插入表单

在网页中插入表单的操作步骤如下。

步骤

步骤 1 执行"文件"→"新建"命令，新建网页文件。

步骤 2 将光标放在希望表单出现的位置，选择菜单栏"插入"→"表单"→"表单"命令，如图 7-2 所示。

图 7-2 插入表单的菜单命令

步骤 3 此时页面上出现红色的虚轮廓线，以此指示表单，如图 7-3 所示。

步骤 4 执行"文件"→"保存"命令，保存文件。

图 7-3 插入表单的网页文档

信息卡

表单在浏览网页中属于不可见元素。如果没有看到此轮廓线，需检查是否选中了"查看"→"可视化助理"→"不可见元素"。

2. 设置表单属性

用鼠标选中表单，在"属性"面板上可以设置表单的各项属性，如图 7-4 所示。

图 7-4 表单"属性"面板

1）"ID"：给表单命名，这样方便用脚本语言对其进行控制。

2）"Action"：动作，指定处理表单信息的服务器端应用程序。单击文件夹目标，找到应用程序，或直接输入应用程序路径。

3）"Target"：目标，选择打开返回信息网页的方式。

4）"Method"：方法，定义处理表单数据的方法，具体内容如下。

一般使用浏览器默认的方法（常用 GET）。

➤ "GET"：把表单值添加给 URL，并向服务器发送 GET 请求。因为 URL 被限定在 8192 个字符之内，所以不要对长表单使用 GET 方法。

> "POST"：把表单数据嵌入到 HTTP 请求中发送。

5）"Enctype"：编码类型，用来设置发送 MIME 编码类型，有如下两个选项。

> "application/x-www-form-urlencode"：默认的 MIME 编码类型，通常与 POST 方法协同使用。

> "multipart/form-data"：如果表单包含文件域，应该选择 multipart/form-data MIME 类型。

任务二　插入表单对象

子任务 1　插入文本域和隐藏域

1．插入文本域

文本域是表单中非常重要的表单对象。当浏览者浏览网页需要输入文字资料，如姓名、地址、E-mail 或稍长一些的个人介绍等内容时，就可以使用文本域。文本域分单行文本域、多行文本域和密码域三种类型。具体操作如下。

__步骤__

步骤 1　插入文本域之前需确定已经先插入了一个表单域，并且将光标放入表单域中。

步骤 2　执行"插入"→"表单"→"文本"命令，如图 7-1 所示，在 Dreamweaver 之前版本中会弹出"输入标签辅助功能属性"对话框，如图 7-5 所示。但 Dreamweaver CC 中已将其合并到属性标签中。

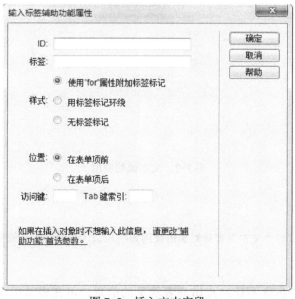

图 7-5　插入文本字段

步骤 3　设置文本域的属性。单击"文本"，在其"属性"面板上进行属性设置，如图 7-6 所示。

图 7-6　"属性"面板

"文本域"对象具有下列属性。

1）"Name"：文本域的名称，通过它可以在脚本中引用该文本域。

2）"Cols"：设置文本域中的列数。

3）"Rows"：设置文本域中的行数。

4）"Max Length"：最多字符数，允许使用者输入的最多的字符个数。

5）"Value"：初始值，表单首次被载入时显示在文本字段中的值。

6）"Read Only"：使浏览器无法更改文本区域。

　"Required"：如果想要浏览器检查是否已选定值则选择此项。

　"Auto Focus"：如果想要浏览器被打开时自动获得焦点，则选择此项。

　"Wrap"：如果指定了行，将在选择 Hard 时自动换行。

　"Disabled"：使浏览器禁用元素。

图 7-7 所示的是一个同时拥有 3 种文本域类型的应用实例。

图 7-7　文本域的应用

信息卡

"文本区域"表单对象与"文本"表单对象的使用方法相似，读者可自行设置。

2．插入隐藏域

若要在表单结果中包含不让站点访问者看见的信息，可在表单中添加隐藏域。当提交表单时，隐藏域就会将非浏览者输入的信息发送到服务器上，为制作数据接口做好准备。

步骤

步骤1　将光标置于页面中需要插入隐藏域的位置。

步骤2　执行"插入"→"表单"→"隐藏"命令，随后一个隐藏域的标记便插入到了网页中。

步骤3　单击隐藏域的标记将其选中，隐藏域的属性面板将会出现，如图7-8所示。

图7-8　隐藏域属性面板

"隐藏域"对象具有的属性介绍如下。

1）"Name"：隐藏区域，指定隐藏域的名称，默认为hiddenField。

2）"Value"：值，设置要为隐藏域指定的值，该值将在提交表单时传递给服务器。

子任务2　插入单选按钮和复选框

1．插入单选按钮

如果想让访问者从一组选项中选择其中之一，那么可以在表单中添加单选按钮。常见的如性别、学历等内容都会使用单选按钮来进行设置。单选按钮允许用户在多个选项中选择一个，不能进行多项选择。插入单选按钮的具体操作如下。

步骤

步骤1　将光标放入表单域中要插入单选按钮的位置。

步骤2　执行"插入"→"表单"→"单选按钮"命令，如图7-1所示。

步骤3　可以在属性框输入单选按钮的标签文字，也可让系统自动在表单域中自行添加文字作为标签文字。在表单中添加单选按钮，如图7-9所示。

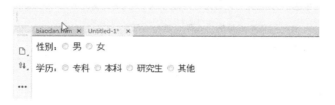

图7-9　插入单选按钮

步骤4　设置单选按钮的属性。单击"单选按钮"对象，在其"属性"面板上进行属性设置，如图7-10所示。

图 7-10　单选按钮属性面板

"单选按钮"对象具有的属性介绍如下。

1）"Name"：单选按钮的名称，在同一组的单选按钮名称必须相同。

2）"Value"：选定值，设置该按钮被选中时发送给服务器的值。

3）"Checked"：初始状态，有"已勾选"和"未选中"两种，表示该按钮是否被选中。

➢ "已勾选"：表示在浏览时单选按钮显示为勾选状态。

➢ "未选中"：表示在浏览时单选按钮显示为不勾选的状态。

 注意

在一组单选按钮中只能设置一个单选按钮为"已勾选"。

2．插入复选框

使用"复选框"表单对象可以在网页中设置多个可供浏览者进行选择的项目，常用于调查类栏目中。插入复选框的具体操作如下。

步骤

步骤 1　将光标放入表单域中要插入复选框的位置。

步骤 2　执行"插入"→"表单"→"复选框组"命令，如图 7-1 所示。复选框组的主要作用是一个容器，这个容器的主要作用是放置复选框。

步骤 3　标签文字的设置同"单选按钮"标签文字的设置。在表单中的复选框组中添加复选框，如图 7-11 所示。

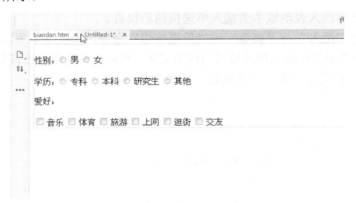

图 7-11　插入复选框

步骤 4　设置复选框的属性。单击"复选框"对象，在其"属性"面板上进行属性设置，如图 7-12 所示。

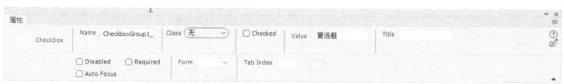

图 7-12　复选框属性面板

"复选框"对象具有的属性介绍如下。

1）"Name"：复选框名称，可以给复选框命名，通过该名称可以在脚本中引用复选框。

2）"Value"：选定值，设置复选框被选择时发送给服务器的值。

3）"Checked"：初始状态，设置首次载入表单时复选框是已选还是未选，具体操作同"单选按钮"。

子任务 3　插 入 列 表

使用"选择"对象，可以让访问者从"选择"中选择选项。在拥有较多选项并且网页空间比较有限的情况下，"选择"将会发挥出最大的作用。其具体操作步骤如下。

步骤

步骤 1　将光标置于页面中需要插入列表的位置。

步骤 2　执行"插入"→"表单"→"选择"命令，随后一个列表便插入到了网页中。

步骤 3　设置列表的属性。"选择"属性面板如图 7-13 所示。

图 7-13　"选择"属性面板

"选择"属性面板中的选项介绍如下。

1）"Name"：为列表指定一个名称。

2）"Title"：当浏览器无法正常显示列表时，用来替换列表的文档标签。

3）"列表值"：可选的列表的值。

4）"Size"：高度，用来设置列表菜单中的项目数。如果实际的项目数多于此数目，那么列表菜单的右侧将使用滚动条。

5）"Multiple"：允许浏览器从列表菜单中选择多个项目。

6）"Selected"：可以设置一个项目作为列表中默认选择的菜单项。

步骤 4　单击"属性"面板中"列表值…"按钮，出现"列表值"对话框，单击"+"按钮依次添加"项目标签"和"值"，如图 7-14 所示。单击"确定"按钮完成设置，效果如图 7-15 所示。

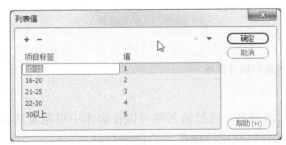

图 7-14　设置"列表值"

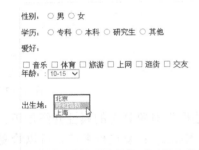

图 7-15　插入列表

子任务 4　插入表单按钮

对表单而言，按钮是非常重要的，它能够控制对表单内容的操作，如"提交"按钮或"重置"按钮。要将表单内容发送到远端服务器上，可使用"提交"按钮；要清除现有的表单内容，可使用"重置"按钮。插入表单按钮的具体操作步骤如下。

步骤

步骤 1　将鼠标光标置于页面中需要插入按钮的位置。

步骤 2　执行"插入"→"表单"→"按钮"命令，随后一个按钮便插入到了网页中。

步骤 3　设置按钮的属性。"按钮"的属性面板如图 7-16 所示。

图 7-16　"按钮"属性面板

"按钮"属性面板中的选项介绍如下。

1）"Name"：为按钮设置一个名称。

2）"Value"：值，设置显示在按钮上的文本。

添加"按钮"表单对象的页面效果如图 7-17 所示。

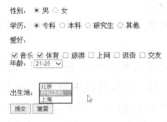

图 7-17　添加"按钮"表单对象的页面效果

信息卡

表单实际包含的表单对象还有很多种，如"单选按钮组""图像按钮""文件"等，它们的属性设置和使用方式与前面详细介绍的几种表单对象类似，读者可自行学习。

表单是网页中实现客户和网站进行交流的基本的结构。对于表单来说，涉及的方面很多，特别是在表单同服务器端联系时，涉及一些编程语言，另外就是表单在网页中的显示也是很复杂的问题。本模块只介绍网页中表单和表单对象的基本作用和使用方法，并没有实现浏览者与服务器之间的交互作用。关于表单的交互作用将在以后的模块中介绍。

学 材 小 结

理论知识

1．判断题

1）"单行"是插入文本域时默认的选项，只可显示单行文本。　　　　　　　（　　）
2）"多行"表示插入的文本域可以显示多行文本，但不能显示单行。　　　　（　　）
3）"单选按钮"文本框为单选按钮指定一个名称。多个"单选按钮"，可以有多个名称。
　　　　　　　　　　　　　　　　　　　　　　　　　　　　　　　　　（　　）
4）在要求浏览者从一组选项中选择多个选项时，可以使用单选按钮。　　　（　　）
5）要清除现有的表单内容，可使用"重置"按钮。　　　　　　　　　　　　（　　）

2．填空题

1）设置表单的属性时，"表单名称"文本框是＿＿＿＿＿＿。
2）文本域中"字符宽度"是＿＿＿＿＿＿，而"最多字符数"是＿＿＿＿＿＿。
3）每个表单都是由＿＿＿＿＿＿组成的，而且所有的＿＿＿＿＿＿放到表单中才会有效，因此，制作表单页面的第一步是创建＿＿＿＿＿＿。
4）在表单中使用表单对象时，要为＿＿＿＿＿＿指定一个名称，这样由＿＿＿＿＿＿的名称和用户提供的信息（即值）组合成＿＿＿＿＿＿。
5）如果希望一次选取多个选项，应使用＿＿＿＿＿＿对象。
6）在表单中要添加一个密码框，应使用表单中＿＿＿＿＿＿对象。

实训任务

实训　利用表单制作留言板
【实训目的】
注意表单的设计，选择正确的表单对象，通过实例制作，可以掌握表单的创建及设计技巧。本例任务是完成表单的前端界面的制作。

177

【实训内容】

本案例利用表单及表单对象在网页中的应用，制作"班级留言板"。最终效果如图 7-18 所示。制作步骤如下（本实训任务中所用素材在 module08\shixun 文件夹中）：

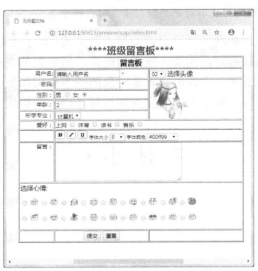

图 7-18 班级留言板

步骤

步骤1 执行"文件"→"新建"命令，新建一个名为"biaodan.html"的网页文件。单击"属性"面板中的_____命令设置页面背景为"images/bookbg.gif"。

步骤2 在页面中输入标题"班级留言板"，并对字体、字号及样式进行相应设置。

步骤3 执行_____命令，插入一个表单，在"文档"窗口中出现一个红色的虚线框。

步骤4 单击虚线框内，插入一个 11 行 3 列的表格，采用表格进行排版。选中表格，在_____面板中设置表格宽度为 565 像素，边框宽度为 1 像素，表格背景色为"白色"，表格对齐方式为"居中对齐"，如图 7-19 所示。

图 7-19 表单内插入表格

步骤5 选择表格的第一行单元格，合并单元格，输入"留言板"作为标题，并设置其格式。

步骤6 选择表格第二行第一列单元格，设置其宽度为83像素，水平对齐方式为"右对齐"，垂直对齐方式为"居中"，在单元格内输入"用户名："，设置字体为"默认字体"，大小为14。

步骤7 选择表格第二行第二列单元格，设置其宽度为230像素，水平对齐方式为"左对齐"，垂直对齐方式为"居中"，在此单元格中插入一个"文本"对象，在_____面板中设置文本的属性，设定文本域名称为"name"，类型为"单行"，字符宽度为20，最多字符数为25，初始值为"请输入用户名"。

步骤8 在表格第三行前两列中分别插入"密码"和"文本"对象。其中"文本"对象属性设定为：文本域名称为"password"，类型为"密码"，字符宽度为20，最多字符数为10。单元格属性同上两步。

步骤9 在表格第4行前两列中分别插入"性别"和"单选按钮"对象。在文字"男""女"后分别插入两个单选按钮，如图7-20所示。在"属性"面板中对单选按钮进行设置，例如，将"男"后的单选按钮的"单选按钮""选定值"和"初始状态"依次设置为"sex""male"和"已勾选"，将"女"后的单选按钮的"单选按钮""选定值"和"初始状态"依次设置为"sex""female"和"未选中"。单元格属性同上。

步骤10 在表格第5行前两列中分别插入"年龄"和"文本字段"对象。单元格属性同上，"文本字段"对象属性参照以上步骤自行设置。

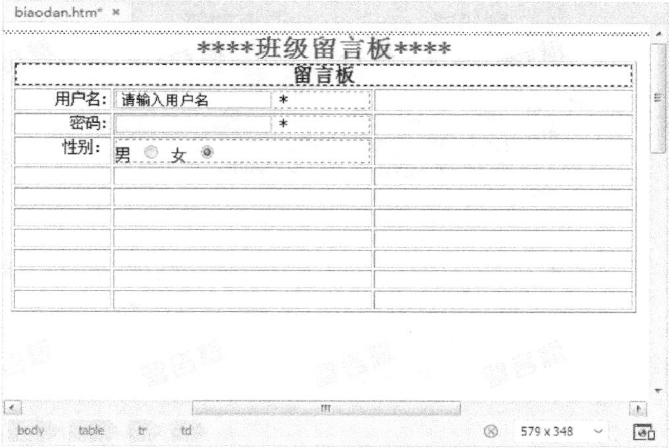

图7-20 插入单选按钮

步骤11 在表格第6行前两列中分别插入"所学专业"和"选择"对象。

步骤12 合并表格第7行后两列单元格，在得到的两列单元格中分别插入"爱好"和"复选框"对象。在"上网"等文字后分别插入如图7-21所示的复选框。在"属性"面板中对复选按钮进行设置，例如将"上网"后的复选框的"复选框名称""选定值"和"初始状态"依次设定为"favor""net"和"未选中"，将"体育"后的复选框的"复选框名称""选定值"和"初始状态"依次设定为"favor""moving"和"未选中"等。单元格属性同上。

图 7-21　插入复选框按钮

步骤 13　在表格第 2 行第 3 列单元格中，输入"选择头像"和"选择"对象。属性设置参考"选择"对象属性设置。

步骤 14　合并表格第 8 行后两列单元格，在合并后单元格中，分别插入＿＿＿＿＿＿＿对象和＿＿＿＿＿＿＿对象作为设置字体格式的按钮。

步骤 15　在表格第 9 行中，插入"文本区域"作为留言的地方。

步骤 16　在表格第 10 行中，插入"按钮"对象和"图像按钮"对象作为选择心情符号的地方，如图 7-22 所示。

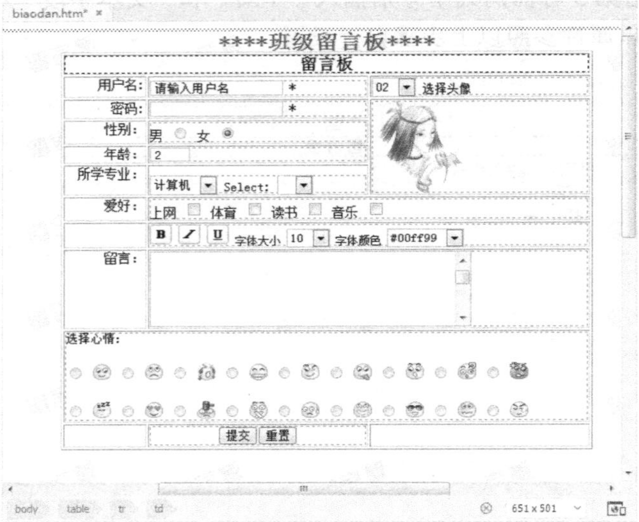

图 7-22　插入文本区域单选按钮对象

步骤 17　在表格第 11 行中，插入"按钮"对象。在"属性"面板中对"按钮"对象进行设置，例如将"提交"按钮的"按钮名称""值"和"动作"依次设定为"ok""提交"或"提交表单"，将"重置"按钮的"按钮名称""值"和"动作"依次设定为"reset""重置"或"重置表单"。

步骤 18　保存文件，按＿＿＿＿＿＿键，在浏览器中浏览。

拓展练习

1）使用本模块所学内容，参照"163"等大型门户网站设计一个邮箱的登录对话框和邮箱申请表单，分别如图 7-23 和图 7-24 所示。

图 7-23　163 邮箱登录窗口

图 7-24　网易通行证注册窗口

2）使用本模块所学内容，设计一个读书调查问卷。

模块八

使用行为制作特效网页

本模块导读

　　行为可以说是 Dreamweaver CC 中最有特色的功能之一，它可以让用户不用编写一行 JavaScript 代码即可实现多种动态页面效果。

　　行为是一系列使用 JavaScript 程序预定义的页面特效工具，是 JavaScript 在 Dreamweaver 中内置的程序库。利用行为，可以制作出各式各样的特殊效果，如播放声音、弹出菜单等。

　　JavaScript 是 Internet 上最流行的脚本语言之一。它存在于全世界几乎所有 Web 浏览器中，能够增强用户与网站之间的交互。

　　有许多优秀的网页，它们不仅包含文本和图像，还有许多其他交互式的效果。例如，当鼠标移动到某个图像或按钮上时，特定位置便会显示出相关信息，又或者同时打开一个网页等。

本模块要点

- ● 了解行为、事件和动作的概念
- ● 掌握 Dreamweaver CC 内置行为的使用
- ● 熟练使用行为和管理行为

任务一 认 识 行 为

知识导读

一个行为是由一个事件所触发的动作组成的，因此行为的基本元素有两个：事件和动作。事件是浏览器产生的有效信息，也就是访问者对网页所做的事情。例如，当访问者将鼠标光标移到一个链接上时，浏览器就会为这个链接产生一个"onMouseOver"（鼠标经过）事件。然后，浏览器会检查当事件为这个链接产生时，是否有一些代码需要执行，如果有就执行这段代码，这就是动作。

在"行为"面板中添加了一个动作，也就有了一个事件。选择不同的动作，"事件"菜单中会罗列出可以触发该动作的所有事件。不同的动作，所支持的事件也不同。

不同的事件为不同的网页元素所定义。例如，在大多数浏览器中，"onMouseOver"（鼠标经过）和"onClick"（单击）行为是和链接相关的事件，然而"onLoad"（载入）行为是和图像及文档相关的事件。一个单一的事件可以触发几个不同的动作，而且可以指定这些动作发生的顺序。

执行"窗口"→"行为"命令，打开"行为"面板，如图 8-1 所示。

图 8-1 "行为"面板

新建 index8-1.html 文件后设置"放大文字"和"弹出信息"两个鼠标单击行为，"高亮颜色"和"设置状态栏文本"两个鼠标经过行为。

步骤

步骤 1 新建 index8-1.html 文件，如图 8-2 所示。

图 8-2 新建"index8-1.html"文件

步骤2 执行"窗口"→"行为"命令，打开"行为"面板。

步骤3 在 index8-1.html 上选择"放大文字"行。

步骤4 在"行为"面板上单击"添加行为"图标按钮后显示系统内置的所有行为，如图 8-3 所示。选择"效果"→"Scale"行为后，弹出"Scale"对话框，如图 8-4 所示。

图 8-3 添加"Scale"行为 　　　　图 8-4 "Scale"对话框

步骤5 在"Scale"对话框的"可见性"下拉列表中选择"hide"，在"方向"文本列表中选择"both"，在"百分比"文本框中输入"200"，设置好"效果持续时间"，如图 8-5 所示。

步骤6 在图 8-5 中单击"确定"按钮，然后将图 8-6 中的事件改为鼠标单击事件（onClick）。现在"放大文字"行为设置好了，下一个设置"弹出信息"行为。

步骤7 在 index8-1.html 上选择"弹出信息"行。

步骤8 在"行为"面板上单击"添加行为"图标按钮，显示系统内置的所有行为，如图 8-3 所示。选择"弹出信息"行为后，弹出"弹出信息"对话框，如图 8-7 所示。

图 8-5 "Scale"对话框中的设置

图 8-6 修改事件

图 8-7 "弹出信息"对话框

步骤 9 在"消息"文本框输入"欢迎光临"后单击"确定"按钮。对应的事件改为鼠标单击事件（onClick）。

步骤 10 在 index8-1.html 上选择"高亮颜色"行。

步骤 11 在"行为"面板上单击"添加行为"图标按钮，显示系统内置的所有行为，如图 8-3 所示。选择"效果"→"Highlight"行为后，弹出"Highlight"对话框，如图 8-8 所示。

图 8-8 "高亮颜色"对话框

步骤 12 设置好后单击"确定"按钮。对应的事件改为鼠标经过事件（onMouseOver）。

步骤 13 在 index8-1.html 上选择"设置状态栏文本"行。

步骤 14 在"行为"面板上单击"添加行为"图标按钮，显示系统内置的所有行为，如图 8-9 所示。选择"设置文本"→"设置状态栏文本"行为后，弹出"设置状态栏文本"对话框，如图 8-10 所示。

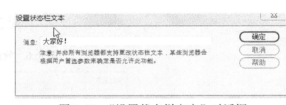

图 8-9 添加行为　　　　　　　　图 8-10 "设置状态栏文本"对话框

步骤 15 在"消息"文本框输入"大家好！"后单击"确定"按钮。对应的事件改为鼠标经过事件（onMouseOver）。

步骤 16 浏览 index8-1.html 文件的效果如图 8-11 所示。

图 8-11 浏览 index8-1.html 文件（鼠标移到"高亮颜色"位置）

任务二 常用 Dreamweaver 内置行为

Dreamweaver 内置行为有调用 JavaScript 行为、改变属性行为、检查浏览器行为、检查插件行为、控制 Shockwave 或 Flash 行为、拖动 AP 元素行为、转到 URL 行为、跳转菜单行为、跳转菜单转到行为、打开浏览器窗口行为、播放声音行为、弹出消息行为、预先载入图像行为、设置导航栏图像行为、设置框架文本行为、设置容器的文本行为、设置状态栏文本行为、设置文本域文字行为、显示-隐藏元素行为、显示弹出菜单行为、交换图像行为、检查表单行为等。

子任务 1 应用交换图像行为

新建 index8-2-1.html 文件后应用交换图像行为。

步骤

步骤 1 新建 index8-2-1.html 文件。

步骤 2 执行"插入"→"HTML"→"鼠标经过图像"命令，弹出"插入鼠标经过图像"对话框，如图 8-12 所示。

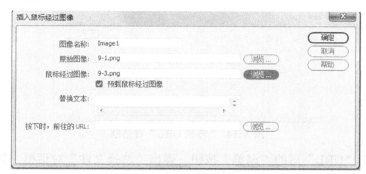

图 8-12 "插入鼠标经过图像"对话框

步骤 3 浏览两个不同的图片后单击"确定"按钮。

添加交换图像行为后，index8-2-1.html 如图 8-13 所示。

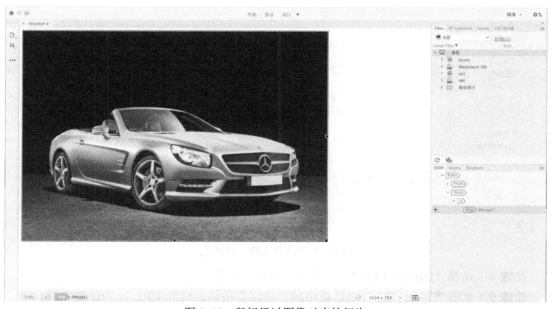

图 8-13 鼠标经过图像对应的行为

步骤 4 查看 index8-2-1.html 文件执行效果。

<h1 style="text-align:center">子任务 2　应用转到 URL 行为</h1>

新建 index8-2-2.html 文件后应用转到 URL 行为。

步骤

步骤 1 新建 index8-2-2.html 文件。

步骤 2 选择一个对象，然后执行"行为"面板的"添加行为"→"转到 URL"命令，弹出"转到 URL"对话框，如图 8-14 所示。

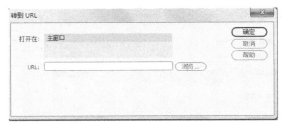

图 8-14 "转到 URL"对话框

步骤 3 单击"URL"后的"浏览"按钮，弹出"选择文件"对话框，如图 8-15 所示。

图 8-15 "选择文件"对话框

步骤 4 选择"index8-1.html"后单击"确定"按钮。

步骤 5 单击"转到 URL"对话框中的"确定"按钮。转到 URL 行为设置完成。

步骤 6 可在"打开在"选择需要打开的位置。

步骤 7　查看 index8-2-2.html 文件执行效果。

<h1 style="text-align:center">子任务 3　应用打开浏览器窗口行为</h1>

新建 index8-2-3.html 文件后应用打开浏览器窗口行为。

步骤

步骤 1　新建 index8-2-3.html 文件。

步骤 2　选择"打开 index8-1.html"文字，然后单击"行为"面板中的"添加行为"图标按钮，选择"打开浏览器窗口"菜单项，如图 8-16 所示。

图 8-16　index8-2-3.html 文件

步骤 3　在弹出的如图 8-17 所示的"打开浏览器窗口"对话框中，单击"浏览"按钮将弹出"选择文件"对话框。

步骤 4　选择"index8-1.html"后单击"确定"按钮。

步骤 5　在"打开浏览器窗口"对话框进行如图 8-18 所示的设置后单击"确定"按钮。

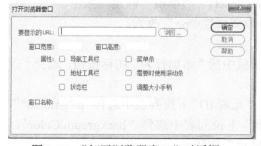
图 8-17　"打开浏览器窗口"对话框

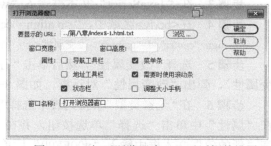
图 8-18　"打开浏览器窗口"对话框的设置

189

此时，打开浏览器行为设置完成。

步骤 6　查看 index8-2-3.html 文件执行效果。

子任务 4　其 他 行 为

新建 index8-2-4.html 文件后应用"关闭浏览器"和"改变属性"行为。

步骤

步骤 1　新建 index8-2-4.html 文件，如图 8-19 所示。

图 8-19　index8-2-4.html 文件

步骤 2　选择"关闭浏览器"，然后单击"行为"面板中的"添加行为"图标按钮，选择"调用 JavaScript"，弹出"调用 JavaScript"对话框，如图 8-20 所示。

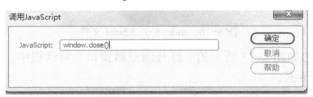

图 8-20　"调用 JavaScript"对话框

步骤 3　在"JavaScript"文本框输入"window. Close()"后单击"确定"按钮。

步骤 4　在<body>区域中，"<p align="center">改变属性</p>"改为：

改变属性

步骤 5　选择"改变属性"，然后单击"行为"面板中的"添加行为"图标按钮，选择"改变属性"，弹出"改变属性"对话框，如图 8-21 所示。

步骤 6　在"元素类型"下拉列表中选择"p"，在"元素 ID"下拉列表中选择"p "gaibian""，在"属性"中单击"选择"单选按钮，并在"选择"下拉列表中选择"backgroundColor"，在"新的值"文本框中输入"#00FF00"后单击"确定"按钮。

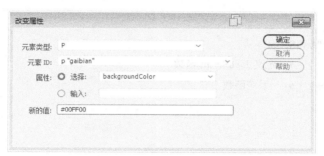

图 8-21 "改变属性"对话框

步骤 7 查看 index8-2-4.html 文件执行效果。

任务三 插入 JavaScript 特效

JavaScript 是一种基于对象和事件驱动并具有安全性的脚本语言。使用它的目的是与 HTML 一起在一个 Web 页面中与 Web 客户实现交互。

1. JavaScript 运算符

JavaScript 运算符可分为：算术运算符、比较运算符、逻辑运算符、字符串运算符和赋值运算符，如表 8-1 所示。在 JavaScript 中，主要有双目运算符和单目运算符。

1）双目运算符：操作数 1 运算符 操作数 2；如 100+200 等。

2）单目运算符：只有一个操作数；如 100++、—2 等。

表 8-1 JavaScript 运算符

分 类	运 算 符
算术运算符	+、−、*、/、++、—等
比较运算符	!=、==、>、<、>=、<=、===、!== 等
逻辑运算符	!、‖、&& 等
字符串运算符	= 等
赋值运算符	=、—=、+=、*=、/= 等

2. 在 HTML 里加入 JavaScript 代码

JavaScript 脚本代码是通过嵌入或调入到标准的 HTML 中实现的。它的出现弥补了 HTML 的缺陷。

JavaScript 是一种比较简单的编程语言，使用方法是向 Web 页面的 HTML 文件增加一个脚本，而不需要单独编译解释，当一个支持 JavaScript 的浏览器打开这个页面时，它会读出一个脚本并执行其命令。可以直接将 JavaScript 代码加入 HTML 中。其中<Script>表示脚本的开始，使用 Language 属性定义脚本语言为 JavaScript，在标记<Script Language="JavaScript">与</Script>之间就可以加入 JavaScript 脚本。

例子：

```
<Script Language="JavaScript">
function tuichu(){        //   定义 JavaScript 函数
      window. close();    //    系统函数
}
</Script>
```

子任务 1　跟随鼠标的字符串

使用 JavaScript 脚本语言制作"跟随鼠标的字符串"网页。

步骤

步骤 1　新建 index8-3-1.html 文件，打开代码视图。

步骤 2　把下列代码加入到<head>区域中。

```
<style type="text/css">        //  定义内部 CSS 样式
.span style {
        COLOR: #ff00ff; FONT-FAMILY: 宋体; FONT-SIZE: 14pt; POSITION: absolute;
TOP: −50px; VISIBILITY: visible
}
</style>
<script>                        //   JavaScript 代码
var x,y
var step=18
var flag=0
var message="欢迎光临  "        //  定义跟随鼠标的字符串
message=message. split("")
var xpos=new Array()
for (i=0;i<=message.length−1;i++) {
        xpos[i]= −50
}
var ypos=new Array()
for (i=0;i<=message.length−1;i++) {
        ypos[i]= −200
}
function handlerMM(e){    //  保存光标的位置（x,y）
        x = (document. layers) ? e.pageX : document.body.scrollLeft+event.clientX
```

```
        y = (document. layers) ? e.pageY : document.body.scrollTop+event.clientY
        flag=1
}


function makesnake() {
    if (flag==1 && document. all) {
        for (i=message.length-1; i>=1; i--) {
            xpos[i]=xpos[i-1]+step
            ypos[i]=ypos[i-1]
        }
        xpos[0]=x+step
        ypos[0]=y
        for (i=0; i<message.length-1; i++) {
            var thisspan = eval("span"+(i)+".style")
            thisspan.posLeft=xpos[i]
            thisspan.posTop=ypos[i]
        }
    }
    else if (flag==1 && document. layers) {
        for (i=message.length-1; i>=1; i--) {
            xpos[i]=xpos[i-1]+step
            ypos[i]=ypos[i-1]
        }
        xpos[0]=x+step
        ypos[0]=y
        for (i=0; i<message.length-1; i++) {
            var thisspan = eval("document. span"+i)
            thisspan.left=xpos[i]
            thisspan.top=ypos[i]
        }
    }
    var timer=setTimeout("makesnake()",30)
}
</script>
```

步骤 3 把下列代码加入到 `<body>` 区域中。

```
<script> // JavaScript 代码
<! -- Beginning of JavaScript -
```

```
for (i=0;i<=message.length-1;i++) {        // 循环显示每个字符
    document. write("<span id='span"+i+"' class='spanstyle'>")
    document.write(message[i])
    document.write("</span>")
}
if (document. layers){
    document.captureEvents(Event.MOUSEMOVE);
}
document.onmousemove = handlerMM;
</script>
```

步骤 4 把<body>改为<body bgcolor="#ffffff" onload="makesnake()">。

步骤 5 index8-3-1.html 执行效果如图 8-22 所示。

图 8-22　执行 index8-3-1.html 效果

*子任务 2　时钟显示在任意指定位置

新建 index8-3-2.html 文件，进行相应设置后在浏览器上显示（在不同的环境下运行可能会有不同问题）。

步骤

步骤 1 新建 index8-3-2.html 文件。

步骤 2 把下面代码加入到<body>区域中。

<h1 align="center">时钟显示在任意指定位置</h1>

```
<span id="liveclock"  style=position:absolute;left:250px;top:122px; width: 109px; height: 15px>
</span>                        //  设置时钟显示位置和大小
<SCRIPT language=JavaScript> //  JavaScript 代码
function show5()              //  定义 JavaScript 函数
{
    if(!document. layers&&!document. all)
     return
    var Digital=new Date()      //  定义 Date 类型的变量
    var hours=Digital.getHours()
    var minutes=Digital.getMinutes()
    var seconds=Digital.getSeconds()
    var dn="AM"
    if(hours>12){                //  下午的时间改为 1～12 点
     dn="PM"
     hours=hours-12
     }
    if(hours==0)
     hours=12
    if(minutes<=9)
     minutes="0"+minutes
    if(seconds<=9)
     seconds="0"+seconds
    myclock="<font size='5' face='Arial'><b>系统时间:</br>"+hours+":"+minutes+":"+ seconds+ " "+dn+
"</b></font>"
    if(document. layers){
        document.layers.liveclock.document.write(myclock)
     document.layers.liveclock.document.close()
    }
    else if(document. all)
     liveclock.innerHTML=myclock
    setTimeout("show5()",1000)       //  每过 1 秒调用一次 show5()函数
}
</SCRIPT>
```

步骤 3 把<body>中的内容改为：

```
<body bgcolor="#ff00ff" ONLOAD=show5()>  //  调用 show5 函数
```

步骤 4 执行 index8-3-2.html 的效果如图 8-23 所示。

195

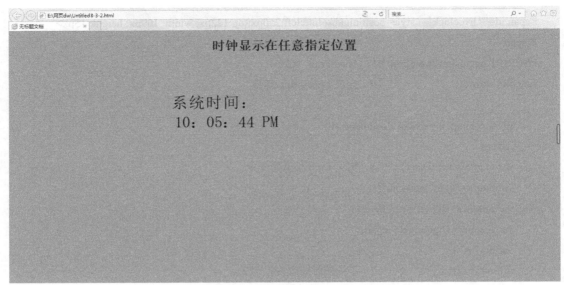

图 8-23　执行 index8-3-2.html 效果

学 材 小 结

理论知识

1）执行"_____"→"_____"命令，打开"行为"面板。

2）一个行为是由一个_____所触发的动作组成的，因此行为的基本元素有两个：_____和_____。

3）JavaScript 是一种基于对象和事件驱动并具有安全性的_____语言。

4）JavaScript 运算符可分为：_____、_____、字符串运算符、_____和赋值运算符。

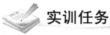 ## 实训任务

实训　制作垂直弹出式菜单

【实训目的】

进一步巩固"行为"面板的使用。

进一步巩固添加和编辑行为的基本方法。

进一步巩固弹出式菜单的制作方法。

【实训内容】

本例第一部分是新建 index8-4.html 文件，第二部分是设计两层垂直弹出式菜单，如图 8-24 所示。

图 8-24 浏览 index8-4.html

【实训步骤】

步骤

步骤 1 新建 index8-4.html 文件。

步骤 2 在 index8-4.html 文件中编写下列代码并新建 ID 样式。

```
<div id="menu">新 闻</div>
<div id="menu1">
国内新闻<br />
国外新闻
</div>
```

步骤 3 执行 "窗口" → "_____" 命令, 打开 "_____" 面板。

步骤 4 选择 "menu" 对象, 然后执行 "行为" 面板中的 "_____" 图标按钮, 选择 "显示-隐藏元素", 弹出 "_____" 对话框, 如图 8-25 所示。

步骤 5 在 "_____" 对话框中将 "menu" 层改为显示后单击 "确定" 按钮, 如图 8-25 所示。

图 8-25 设置为显示元素

步骤 6 重复步骤 4。

步骤 7 在 "_____" 对话框中将 "menu" 层改为隐藏后单击 "确定" 按钮, 如图 8-26 所示。

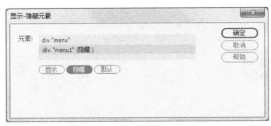

图 8-26 设置为隐藏元素

步骤 8 行为的事件改为如图 8-27 所示。

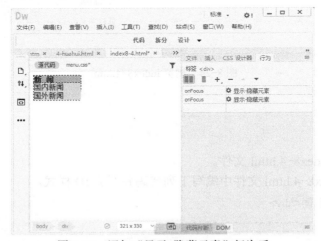

图 8-27 添加"显示-隐藏元素"行为后

步骤 9 保存 index8-4.html 文件后浏览。

 拓展练习

1）使用行为实现打印功能。

2）使用行为实现弹出式菜单。

模块九

使用 jQuery Mobile 表示

本模块导读

　　jQuery Mobile 是 Dreamweaver CC 新增加的功能，jQuery Mobile 是创建移动 Web 应用程序的框架。

　　jQuery Mobile 适用于所有流行的智能手机和平板计算机。

　　jQuery Mobile 使用 HTML5 和 CSS3，通过尽可能少的脚本对页面进行布局。

本模块要点

● 　创建 jQuery Mobile 页面

● 　制作通讯录

任务一　创建 jQuery Mobile 页面

知识导读

随着手机成为时下人们网上冲浪的主要工具，Dreamweaver CC 中也自然不会缺少制作手机界面的工具。jQuery 就是 Dreamweaver CC 制作手机浏览界面的主力插件。

在 Dreamweaver CC 中有两个基于 jQuery 的子项目，他们分别是 jQuery Mobile 和 jQuery UI。其中 jQuery Mobile 主要用于主题的设计、网页的设计以及网页中的换页事件等功能的设计。而 jQuery UI 主要用作制作用户界面，如拖放、缩放、对话框、标签等功能的实现。本模块内容主要讲解的是使用 jQuery Mobile 制作简单的手机界面，尽量避免程序部分的写入。

子任务 1　了解 jQuery Mobile

jQuery 原本是一个主要用于 Web 程序开发的 JavaScript 类库。当手机越来越成为移动互联网的主要设备，jQuery 也相应地推出了 jQuery Mobile 这套主要为了进行移动项目开发的框架。jQuery Mobile 依靠强大的 jQuery 类库为开发者提供统一的接口和特征，使得开发者节约了代码的开发时间，提高了项目的开发效率。这主要是因为 jQuery Mobile 应用接口十分简单，开发者在开发过程中可以尽量不使用代码，就能建立大量的程序接口。因此，页面元素标记驱动项目成为 jQuery Mobile 的主要特点。

页面(G)
列表视图(V)
布局网格(L)
可折叠块(K)
文本(T)
密码(P)
文本区域(X)
选择(S)
复选框(C)
单选按钮(R)
按钮(B)
滑块(I)
翻转切换开关(F)
电子邮件(M)
Url(U)
搜索(H)
数字
时间(E)
日期(D)
日期时间(A)
周(W)
月(O)

子任务 2　认识 jQuery Mobile 的元素

由于 jQuery Mobile 为所有的主流移动操作系统平台提供了高度统一的接口，jQuery Mobile 可以让用户在为所有流行的移动平台设计一个高度统一的 Web 应用程序时，不必为每个移动设备编写独特的应用程序或操作系统。用户可以通过执行"插入"→"jQuery Mobile"命令来插入 jQuery Mobile 对象。"jQuery Mobile"菜单如图 9-1 所示。

图 9-1　"jQuery Mobile"菜单

1. 页面

页面即移动设备屏幕上看到的画面。执行"插入"→"jQuery Mobile"→"页面"命令，弹出"页面"对话框，如图 9-2 所示。

页面必须设置 ID，默认情况下包括三部分：头部栏、内容栏和底部栏，其中头部栏、底部栏为可选项。

　　头部栏：一般包含页面标题或一两个按钮。

　　内容栏：定义页面的内容，如文本、图像、表单和按钮等。

　　尾部栏：比头部栏灵活，样式也与头部栏不同，可以包含多个按钮。

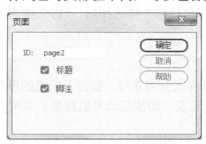

图 9-2　"页面"对话框

2．列表视图

　　jQuery Mobile 中的列表是标准的 HTML 列表，可以设定有序（<ol>）列表或无序（<ul>）列表。列表中自带列表项。

　　列表视图是 jQuery Mobile 中功能强大的一个特性。它使标准的无序或有序列表应用更广泛。在每个列表项（<li>）中添加链接，默认情况下，链接自动生成一个按钮，用户可以单击它。

　　执行"插入"→"jQuery Mobile"→"列表视图"命令，弹出"列表视图"对话框，如图 9-3 所示。以下介绍一些列表视图中的设置：

　　1）列表类型：可以选择无序列表或有序列表。如图 9-4 所示。

图 9-3　"列表视图"对话框

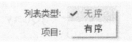

图 9-4　列表类型选项

　　2）项目：表示序列中添加几个列表项。

　　3）凹入：表示列表四周自动增加外边距，样式为圆角等。

　　4）文本说明：添加一些对列表内容的说明性文字，使其更加丰富，显示在左侧。

　　5）文本气泡：气泡数字是用来显示列表项相关的数字，有计数功能如邮箱的邮件的个数。

　　6）侧边：作为主要内容的附属信息部分，其中的内容可以是与当前文章有关的相关资料、名词解释等，显示在右上角。

7）拆分按钮：在 JQuery Mobile 的列表中，当选项内容需要做出两种不同操作时，会用到该选项，其作用是对链接按钮进行分割。实现分割的方法是在<li>元素中再增加一个<a>元素。分割后 jQuery Mobile 会自动设置第二个链接为蓝色箭头图标，图标的链接文字将在用户将鼠标悬停在图标上时显示。

8）拆分按钮图标：当"拆分按钮"被选择后，"拆分按钮图标"才可选用，其作用是增加按钮的可视性。

3．布局网格

jQuery Mobile 提供了一套样式分列布局。但由于手机的屏幕宽度限制，一般不建议使用分栏分列布局。如果将较小的元素（如按钮或导航标签）并列排序，则可以使用分列布局。

4．可折叠块

可折叠块的作用是隐藏或显示内容，应用于存储部分信息。

5．复选框

执行"插入"→"jQuery Mobile"→"复选框"命令，弹出"复选框"对话框，如图 9-5 所示，有名称、复选框个数及布局等选项。

6．单选按钮

执行"插入"→"jQuery Mobile"→"单选按钮"命令，弹出"单选按钮"对话框，如图 9-6 所示。

图 9-5 "复选框"对话框　　　　　　　图 9-6 "单选按钮"对话框

7．按钮

执行"插入"→"jQuery Mobile"→"按钮"命令，弹出"按钮"对话框，如图 9-7 所示。

1）按钮：添加按钮的个数。

2）按钮类型：jQuery Mobile 中的按钮可通过以下 3 种方法创建，如图 9-8 所示。

链接：<a>元素

按钮：<button>元素

输入：<input>元素

jQuery Mobile 中的按钮会自动获得样式，使用 data-role="button"的<a>元素来创建页面之间的链接，而<input>或<button>元素用于表单提交。

3）输入类型：当按钮类型为输入时，输入类型被激活。jQuery Mobile 提供了 4 种类型，如图 9-9 所示。

图 9-7　"按钮"对话框

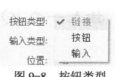

图 9-8　按钮类型

图 9-9　输入类型

4）位置：当按钮的个数大于 1 时，位置按钮被激活。

默认情况下，以"组"的形式垂直排列，因为 jQuery Mobile 按钮都是块级元素，所以每个按钮都填补了屏幕的宽度。

如果位置选择"组"，布局选"水平排列"时，按钮会横向一个挨着一个地水平排列，并设置按钮的排列适应内容的宽度。

位置选择"内联"时，布局不可选，多个按钮会并列在同一行，以上按钮排列样式如图 9-10 所示。

5）图标：为按钮添加图标。

6）图标位置：图标在按钮中的位置，如图 9-11 所示。

图 9-10　组、内联按钮排列样式

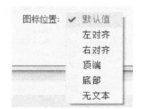

图 9-11　图标位置

8．滑块

从一定范围的数字中选取值，滑块样式如图 9-12 所示。

9．翻转切换开关

翻转切换开关常用于开/关或对/错按钮。翻转切换开关样式如图 9-13 所示。

203

图 9-12　滑块样式

图 9-13　翻转切换开关样式

子任务 3　插入一个 jQuery Mobile 页面

知识导读

页面是 jQuery Mobile 重要的开篇，一切 jQuery Mobile 元素的实现都是建立在 jQuery Mobile 页面存在的基础上。页面已经封装好了 CSS 样式。

实例：插入一个 jQuery Mobile 页面

步骤

步骤 1　创建 HTML 文件。在状态栏中页面大小处选择移动端页面大小，如选择 iPhone 7，如图 9-14 所示。

步骤 2　创建 jQuery Mobile 页面。插入页面前，必须先保存文件，保存好后依次单击"插入"→"jQuery Mobile"→"页面"命令以插入 jQuery Mobile 页面，如图 9-15 所示。

图 9-14　选择页面大小

图 9-15　插入 jQuery Mobile 页面

步骤 3 弹出"jQuery Mobile 文件"对话框，如图 9-16 所示，选择链接类型和 CSS 类型，这里以 Dreamweaver 自带库源为例，单击"确定"按钮后，系统弹出"页面"对话框，如图 9-17 所示。单击"确定"按钮。

图 9-16 "jQuery Mobile 文件"对话框

图 9-17 "页面"对话框

步骤 4 jQuery Mobile 的安装。可以从"jQuery Mobile 文件"对话框中更新 jQuery Mobile 库，也可以从 CDN 中载入 jQuery Mobile。使用 jQuery 内核，只需在网页中加载一些层叠样式(.css)和 JavaScript 库(.js)，就能够使用 jQuery Mobile，此处使用百度 CDN，将以下代码复制到头文件中。

```
<head>
<!-- meta 使用 viewport 以确保页面可自由缩放 -->
<meta name="viewport" content="width=device-width, initial-scale=1">
<!-- 引入 jQuery Mobile 样式 -->
<link rel="stylesheet" href="http://code.jquery.com/mobile/1.4.5/jquery.mobile-1.4.5.min.css">
<!-- 引入 jQuery 库 -->
<script src="http://code.jquery.com/jquery-1.11.3.min.js"></script>
<!-- 引入 jQuery Mobile 库 -->
<script src="http://code.jquery.com/mobile/1.4.5/jquery.mobile-1.4.5.min.js"></script>
</head>
```

 注意

CDN 的全称是 Content Delivery Network，意为内容分发网络，是构建在现有网络基础之上的智能虚拟网络，它使内容传输得更快、更稳定。

步骤 5 插入 jQuery Mobile 页面后，视图显示如图 9-18 所示。

步骤 6 修改 jQuery Mobile 页面信息。

1）修改头部。单击 jQuery Mobile 头部，编辑标题内容为"我的主页"，如图 9-19 所示。

2）修改内容。单击 jQuery Mobile 内容栏，单击"插入"→"段落"，编辑元素内容为"这是一个段落"，如图 9-20 所示。

3）修改底部。单击 jQuery Mobile 脚注栏，修改元素内容为"底部"，完成后如图 9-21 所示。

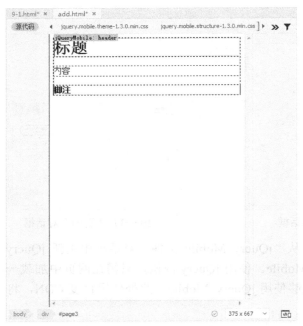

图 9-18　jQuery Mobile 页面

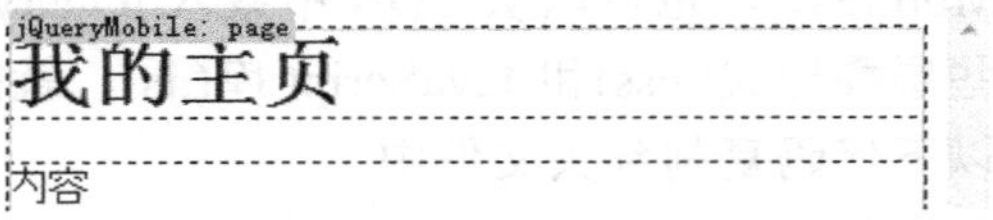

图 9-19　修改 jQuery Mobile 头部

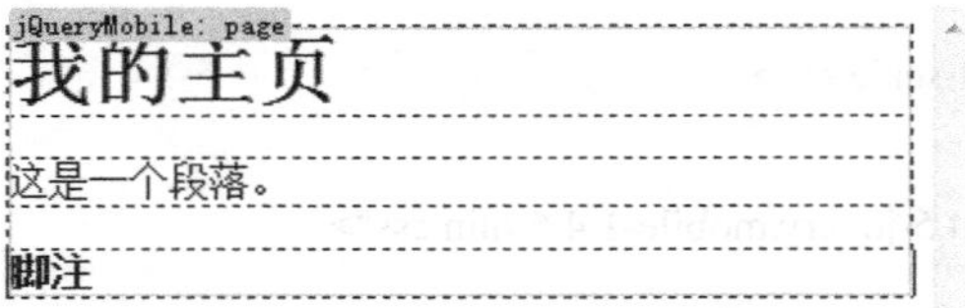

图 9-20　修改 jQuery Mobile 内容

图 9-21　修改 jQuery Mobile 底部

步骤 7　浏览 jQuery Mobile 页面，如图 9-22 所示。

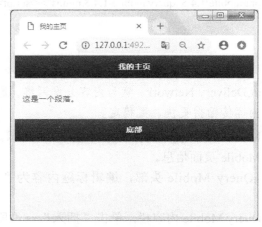

图 9-22　浏览 jQuery Mobile 页面

注意

代码区相关知识：

data-role="page"：浏览器中显示的页面，"page" 可自定义页面名。

data-role="header"：页面顶部创建的工具条，可插入标题或者搜索按钮。

data-role="main"：显示页面的内容，可插入文本、图片、表单、按钮等。

"ui-content"：在页面添加内边距和外边距。

data-role="footer"：创建页面底部工具条。

任何 HTML 元素都可以添加到以上容器中，如段落、图片、标题、列表等。

任务二　制作通讯录

子任务 1　制作通讯录主页面

知识导读

列表视图是 jQuery Mobile 的重点知识，jQuery Mobile 中的列表是标准的 HTML 列表，可有序，也可无序。列表视图是 jQuery Mobile 中功能强大的一个特性，它使标准的无序或有序列表的应用变得更为广泛，其方法就是在<ul>或<ol>标签中添加属性，而每个列表项又添加了链接，用户可以单击每个列表项。

实例：制作通讯录页面

步骤

步骤 1　创建一个 jQuery Mobile 页面，该页面 ID 为 "page1"，如图 9-23 所示。

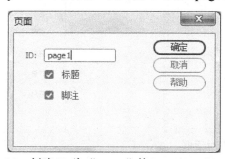

图 9-23　创建 ID 为 "page1" 的 jQuery Mobile 页面

步骤 2　修改页面头部信息。

1）在头部原有标题的前面，插入链接类型的按钮，也叫导航按钮。执行"插入"→"jQuery Mobile"→"按钮"命令，弹出"按钮"对话框，各选项如图 9-24 所示。插入完成后，需要修改代码中 href 的值，使它链接到"新建联系人"的页面上。"新建联系人"的页面 ID 为"page2"。

2）修改 H1 标题，修改元素内容为"通信录"，如图 9-25 所示。

图 9-24 "按钮"对话框 　　　　　　　　　　图 9-25 "page1"页面头部

步骤 3 设置内容信息。

插入列表视图，执行"插入"→"jQuery Mobile"→"列表视图"命令，"列表视图"对话框如图 9-26 所示。首先对列表项进行编辑，输入联系人姓名，然后进行列表分割，分割后如图 9-27 所示。

图 9-26 "列表视图"对话框 　　　　　　　　图 9-27 列表分割

列表分割是将拥有同一属性的列表项放到一个分割符下。

1）指定分割符：在同组的列表项上，再插入一个<li>元素。例如：

```
<ul>
    <li>某某小学</li>
```

```
        <li>某某附属小学</li>
        <li>某某中学</li>
        <li>某某附属中学</li>
    </ul>
```

已知某某小学、某某附属小学同属小学一组，分割符为小学；同理，某某中学、某某附属中学同属中学一组，分割符为中学。

jQuery Mobile 实现分割的方法：

```
        <li data-role="list-divider">小学</li>
            <li>某某小学</li>
            <li>某某附属小学</li>
        <li data-role="list-divider">中学</li>
            <li>某某中学</li>
        <li>某某附属中学</li>
```

2）自动生成分隔符：jQuery Mobile 按字母顺序自动生成项目的分隔，只需要在<ol>或者<ul>元素的行内添加 data-autodividers="true"属性设置。

例如：

```
    <ul>
        <li>Aa</li>
        <li>Ba</li>
        <li>Bb</li>
        <li>Cc</li>
    </ul>
```

jQuery Mobile 实现分割的方法：

```
    <ul data-autodividers="true">
        <li>Aa</li>
        <li>Ba</li>
        <li>Bb</li>
        <li>Cc</li>
    </ul>
```

步骤 4 添加人名搜索功能。执行"插入"→"表单"→"表单"命令，然后在表单内执行"插入"→"jQuery Mobile"→"搜索"命令。设置"搜索"属性：

让表单继承类 ui-filterable 开启过滤。ui 即用户界面英文 User Interface 的简写，也称为使用者界面，filterable 可过滤。

```
<form class="ui-filterable">
```

代码可以理解为：表单先指派了搜索工作。

1）设置 jQuery Mobile 搜索里的<label>属性，代码如下：

```
<label for="search" class="ui-hidden-accessible">搜索:</label>
```

2）设置<input>属性。<input>标签规定了用户可以输入什么类型的字符。执行"窗口"→"属性"命令，如图 9-28 所示。

图 9-28 "搜索"属性

代码如下：

```
<input type="search" id="search" placeholder="搜索人名.." value="" />
```

3）设置<ul>属性。首先<ul>元素要接受"过滤"，因此行内添加 data-filter="true"的属性。其次接受谁的"过滤"，验明身份放行，此处接受"search"的"过滤"，行内再添加 data-input="#search"，代码如下：

```
<ul data-role="listview" data-inset="true" data-filter="true"   data-input="#search"  >
```

过滤效果如图 9-29 所示。

图 9-29 过滤效果

子任务 2 制作联系人具体信息页面

知识导读

子任务 1 讲解了 jQuery Mobile 的列表视图，子任务 2 讲解 jQuery Mobile 的其他功能。

实例：制作联系人信息页面

步骤

步骤 1 以面板的形式创建一个联系人信息。在页面"page1"前插入<div>标签，定义 ID 为"inf-Panel"，在浏览器中以面板显示。代码如下：

```
<div data-role="panel" id="inf-Panel">
```

注意

1）jQuery Mobile 中的面板从屏幕的左侧向右侧划出。

2）通过向指定了 id 的<div>元素行内添加 data-role="panel"属性来创建面板。代码如下：

```
<div data-role="panel" id="自定义的面板名">
   <h2>面板标题..</h2>
```

```
    <p>文本内容..</p>
    ……
</div>
```

3）面板必须置于页面之前或之后，不存在于页面中

步骤 2　访问面板，代码中回到 jQuery Mobile 页面 "page1"，为列表项 "阿三" 添加链接地址 "#inf-Panel"，此地址为面板名称。代码如下：

```
<li><a href="#inf-Panel" >阿三</a></li>
```

步骤 3　创建面板内容，以 "阿三" 为例。

1）插入一个<h2>标签，元素内容修改为 "阿三"。

2）插入 jQuery Mobile 按钮，如图 9-30 所示，回到代码区，将 data-icon 改为"phone"，因为 "⊙" 不在图标的选项中。再将链接内容改为电话号码。代码如下：

```
<a href="#" data-role="button" data-icon="phone" data-iconpos="right">156XXXXXXXX</a>
```

3）插入一个<p>标签，元素内容修改为 "其他信息:"，将 "其他信息" 制作成可看可不看的形式，使用 jQuery Mobile 的可折叠块功能。执行 "插入" → "jQuery Mobile" → "可折叠块" 命令，修改折叠块的标题为 "工作单位"，内容为 "XXXXXXXXX"；修改第二个折叠块的标题为 "家庭住址"，内容为 "XXXXXXXXX"。预览 "阿三" 信息，如图 9-31 所示。单击工作单位，可折叠块打开，如图 9-32 所示。

图 9-30　"按钮" 对话框

图 9-31　"阿三" 信息

图 9-32　可折叠块打开

注意

1）jQuery Mobile 的可折叠块允许隐藏或显示内容。

2）要创建一个可折叠块，需要为容器<div>添加 data-role="collapsible"属性。在容器内，必须添加一个标题元素（H1-H6），之后是其他 HTML 元素。

3）默认情况下，可折叠块的内容是被折叠起来的。

4）可折叠块可以嵌套使用。

子任务 3 制作添加联系人界面

 知识导读

jQuery Mobile 会自动为 HTML 表单元素添加样式，使界面看起来更加友好。当使用 jQuery Mobile 表单时：

➤ <form>元素行内必须有一个 method 属性和一个 action 属性，

➤ 每个表单元素必须有一个唯一的"id"属性，且 id 必须是整个站点所有页面上唯一的，这是因为 jQuery Mobile 的单页导航机制，使得多个不同页面在同一时间被呈现。

➤ 每个表单元素必须有一个标签。设置标签的 for 属性来匹配元素的 id。

子任务 3 将介绍一些 jQuery Mobile 表单元素的用法。具体过程如下。

步骤

步骤 1 创建一个 jQuery Mobile 页面。ID 为"page2"，使"page1"的"⊕"按钮生效。

步骤 2 修改页面头部标题为"新建联系人"。在头部添加 jQuery Mobile 按钮，两个按钮名称分别为"确定"和"返回"。

1）制作"返回"按钮。执行"插入"→"jQuery Mobile"→"按钮"命令，弹出"按钮"对话框，设置如图 9-33 所示。使用 data-rel="back"属性，代码如下：

```
<a href="#" data-role="button" data-icon="delete" data-iconpos="notext"  data-rel="back"></a>
```

图 9-33 "按钮"对话框

2）制作"确定"按钮。执行"插入"→"jQuery Mobile"→"按钮"命令，弹出"按钮"对话框，设置如图 9-34 所示，因为"  "图标不在选项中，所以可随便选择一个，在代码中调整 data-icon 的值。代码如下：

```
<a href="#" data-role="button" data-icon="check" data-iconpos="notext">按钮</a>
```

"返回"和"确定"按钮效果如图9-35所示

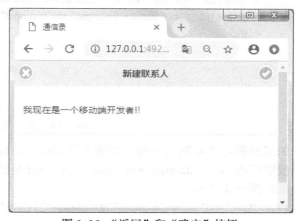

图 9-34 "按钮"对话框   图 9-35 "返回"和"确定"按钮

步骤 3 修改页面内容。

1）插入表单。执行"插入"→"表单"→"表单"命令，为表单添加属性，执行"窗口"→"属性"命令。打开"属性"对话框，为 Action、Method 选值。Action、Method 已在模块八中介绍过。"表单"属性如图 9-36 所示。

图 9-36 表单属性

2）制作姓名输入框。单击表单，执行"插入"→"jQuery Mobile"→"文本"命令，元素内容修改为"姓名："，如图 9-37 所示。

图 9-37 插入"姓名："文本效果

如果要隐藏"姓名："，则在该行内继承类 ui-hidden-accessible。而此时，输入框按钮内要显示"添加姓名…"，在"文本"属性的"placeholder="栏内输入"添加姓名…"，如图 9-38 所示。代码如下。（注：ui 是用户界面英文 User Interface 的简写，也称为使用者界面。）"姓名"文本隐藏之后效果如图 9-39 所示。

```
<div data-role="main" class="ui-content">
    <div data-role="fieldcontain" >
        <label for="textinput" class="ui-hidden-accessible" >姓名:</label>
        <input type="text" name="textinput" id="textinput" value=" " placeholder="添加姓名..."/>
    </div>
```

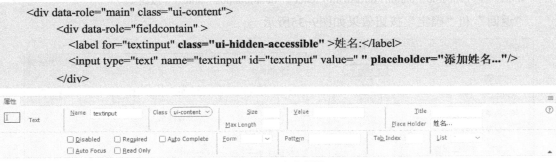

图 9-38　文本属性

如果要删除文本输入内容，则输入框右侧要出现"删除"按钮，以删除输入内容。在输入框按钮行内添加 data-clear-btn="true"（注：bnt 是按钮英文"button"的简写）。清除文本内容效果如图 9-40 所示。

```
<input type="text" name="textinput" id="textinput" value="" placeholder="姓名..." data-clear-btn="true"/>
```

图 9-39　"姓名"文本隐藏　　　　　图 9-40　清除文本内容

3）添加性别。执行"插入"→"jQuery Mobile"→"单选按钮"命令，弹出"单选按钮"对话框，如图 9-41 所示，单击"确定"按钮。修改"单选按钮"相关信息为"男"和"女"。单击"女"按钮，执行"窗口"→"属性"命令，勾选"Checked"，可设置"女"为已选项，最终效果如图 9-42 所示。

图 9-41　"单选按钮"对话框　　　　　图 9-42　"单选按钮"效果

4）添加电话。执行"插入"→"jQuery Mobile"→"数字"命令，效果如图 9-43 所示，此时在手机上可以自动调出数字键盘。

图 9-43　插入电话号码

5）通过弹窗的方式添加电子邮件、家庭地址和公司地址等。

因为弹窗在 Dreamweaver 中没有可选项，此处用代码来实现。创建接口的代码如下：

```
<a href="#PopupDialog" data-rel="popup" data-position-to="window" data-transition="slidedown" class="ui-btn ui-corner-all ui-shadow ">打开对话框弹窗</a>
```

代码也可简写为如下：

```
<a href="#PopupDialog" data-rel="popup" data-role="button" >打开对话框弹窗</a>
```

"添加其他信息"按钮效果如图 9-44 所示。

创建对接人，插入一个 DIV 容器，指定它是弹窗 data-role="popup"，取名 ID 为"PopupDialog"，代码如下：

```
<div data-role="popup" id="PopupDialog">
```

在弹窗内插入表单，在表单内插入 jQuery Mobile 页面。将头部区域的标题改为"其他信息"。

在内容区域中，先插入表单，再依次插入两个文本区域，元素内容分别改为"家庭地址："和"公司地址："。

在底部区域插入一个"返回按钮"。设置底部区域对齐方式为"居中"。弹窗效果如图 9-45所示。

图 9-44　"添加其他信息"按钮

图 9-45　弹窗效果

215

学 材 小 结

本模块主要讲解了 jQuery Mobile 的元素以及如何使用 jQuery Mobile 的元素，用户应掌握 jQuery Mobile 的安装和元素应用，还应熟悉一些简单的属性操作。

理论知识

1）简述 jQuery Mobile 页面包括什么。

2）在一个 HTML 中可以创建_____页面，通过_____分隔每个页面，用_____属性链接彼此。

3）列表分割包括_____和_____。

4）<div _____="footer">
   <h1>我是页脚 1</h1> </div>

5）按钮<a>多用于_____，按钮<button><input>多用于_____。

实训任务

实训 使用列表视图创建 jQuery Mobile 网页，如图 9-46 所示。

图 9-46 列表视图网页

【实训目的】

掌握列表视图的使用方法。

【实训内容】

学习了本模块内容之后，可轻松地使用列表视图进行 jQuery Mobile 网页的制作。结合前面所学，填写完成下面的实训任务步骤。

【实训步骤】

步骤 1 启动 Dreamweaver，新建网页文件，修改页面大小。

步骤 2 执行_____命令后，方可插入 jQuery Mobile 页面。

步骤 3 完善内容栏代码

```
<div role="main" class="_____ " >
    <p><a href="# ">_____ </a></p>
```

```
<ul data-role="_____ " data-inset="_____ ">
<li><a href="#"><p class="ui-li-aside">9:00 开</p></a></li>
<li><a href="#">项目 2</a></li>
<li><a href="#">项目 3</a></li>
<li><a href="#">项目 4</a></li>
        _____
</div>
```

拓展练习

利用所学知识制作如图 9-47 所示的 jQuery Mobile 商品信息页面。

图 9-47　jQuery Mobile 商品信息页面

模块十

使用模板和库

本模块导读

　　在进行批量网页制作的过程中，很多页面都会使用到相同的图片、文字或布局。为了避免不必要的重复操作，减少用户的工作量，可以使用 Dreamweaver CC 提供的模板和库功能，将具有相同布局结构的页面制作成模板，将相同的元素作为库项目，以便随时调用。本章将主要介绍在 Dreamweaver CC 中创建与编辑模板和库的方法。

　　利用模板和库能够加快网页打开的速度，另外，模板和库的自动更新功能可以大大地减少网站更新和维护的工作量。

本模块要点

- ● 定义模板的区域
- ● 使用模板创建文档
- ● 创建和编辑库项目

任务一 使用模板

知识导读

模板是一种特殊类型的文档，用于设计布局比较"固定的"页面。在 Dreamweaver CC 中有多种创建模板的方法，可以创建空白模板，也可以创建基于现存文档的模板，除此之外，还可以将现有的 HTML 文档另存为模板，然后根据需要加以修改。

新建"moban10-1"模板后设计"个人简历"模板。

步骤

步骤 1 打开 Dreamweaver CC，执行"窗口"→"资源"命令，打开"资源"面板，单击该面板上的"模板"图标按钮，切换到"模板"选项中，如图 10-1 所示。

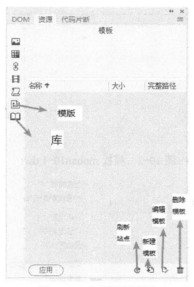

图 10-1 "资源"面板

步骤 2 在"资源"面板的右下角单击"新建模板"图标按钮，将新建模板重名为"moban10-1.dwt"，如图 10-2 所示。

步骤 3 执行"插入"→"模板"→"重复区域"命令，如图 10-3 所示，文档编辑窗口中出现"新建重复区域"对话框。这时 Dreamweaver CC 将会自动把它保存为模板。

步骤 4 在"名称"文本框输入"rr1"后单击"确定"按钮。

步骤 5 在图 10-4 所示的"重复区域"里输入"个人简历"，再插入 4 行 2 列表格，插入表格后的效果如图 10-5 所示。

步骤 6 表格的第一行分别输入"个人信息"和"求职意向"，第三行分别输入"学历与获奖"和"技能与爱好"。

　　步骤7　在表格的第 2 行第 1 列中执行"插入"→"模板"→"可编辑区域"命令,如图 10-3 所示,文档编辑窗口中出现"新建可编辑区域"对话框。

　　步骤8　在"名称"文本框输入"gr1"后单击"确定"按钮,插入可编辑区域后的效果如图 10-6 所示。

　　步骤9　用同样的方法在表格的第 2 行第 2 列中新建可编辑区域,在第 4 行的第 1 列和第 2 列分别新建可编辑区域。

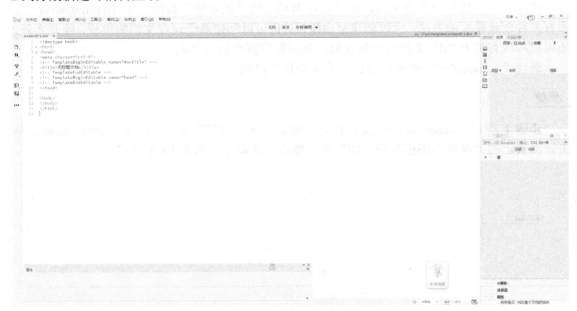

图 10-2　模板 moban10-1.dwt

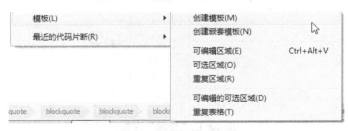

图 10-3　选择模板区域

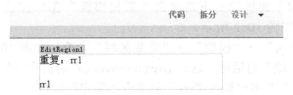

图 10-4　重复区域

个人简历

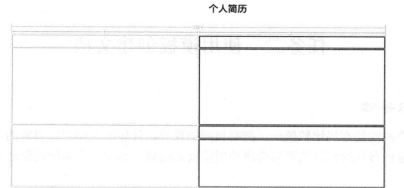

图 10-5　插入表格后的效果

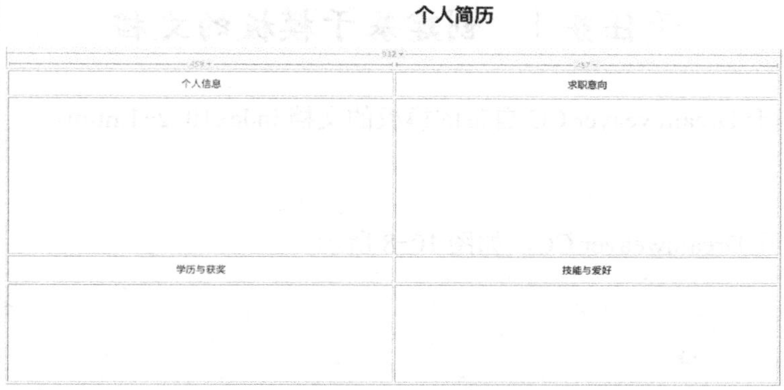

个人简历

个人信息	求职意向
学历与获奖	技能与爱好

图 10-6　插入可编辑区域后的效果

步骤 10　在 4 个可编辑区域输入相关信息后的结果如图 10-7 所示。

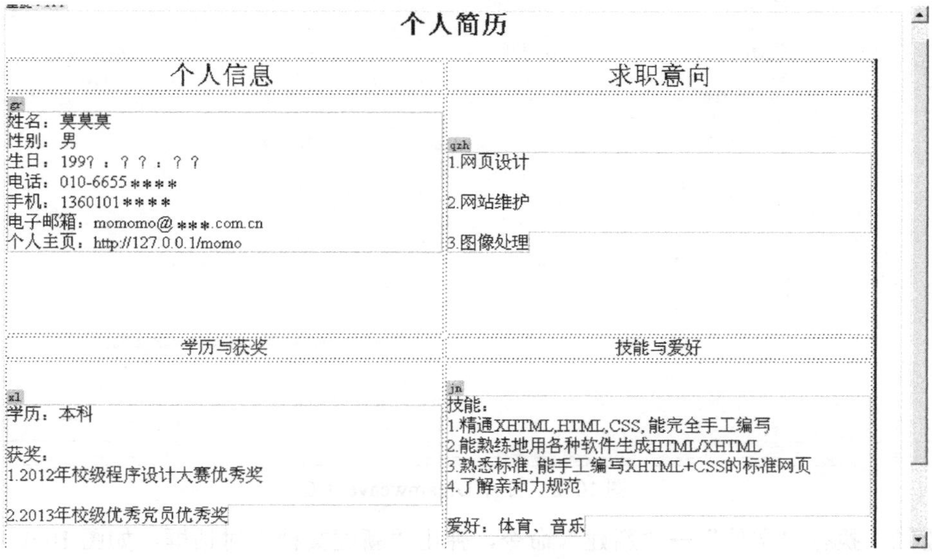

个人简历

个人信息	求职意向
er 姓名：莫莫莫 性别：男 生日：199？：？？：？？ 电话：010-6655＊＊＊＊ 手机：1360101＊＊＊＊ 电子邮箱：momomo@ ＊＊＊.com.cn 个人主页：http://127.0.0.1/momo	qzh 1.网页设计 2.网站维护 3.图像处理
学历与获奖	技能与爱好
xl 学历：本科 获奖： 1.2012年校级程序设计大赛优秀奖 2.2013年校级优秀党员优秀奖	jn 技能： 1.精通XHTML,HTML,CSS,能完全手工编写 2.能熟练地用各种软件生成HTML/XHTML 3.熟悉标准,能手工编写XHTML+CSS的标准网页 4.了解亲和力规范 爱好：体育、音乐

图 10-7　最终的效果

步骤 11　使用<Ctrl+S>组合键保存模板。

221

任务二　使用模板创建文档

知识导读

如果一个网站的布局比较统一，拥有相同的导航，且显示不同栏目内容的位置基本保持不变，那么这种布局的网站就可以考虑使用模板来创建。例如，个人简历就适合采用模板来进行布局。

子任务 1　创建基于模板的文档

新建一个基于 Dreamweaver CC 自带的模板的文档 index10-2-1.html。

步骤

步骤 1　打开 Dreamweaver CC，如图 10-8 所示。

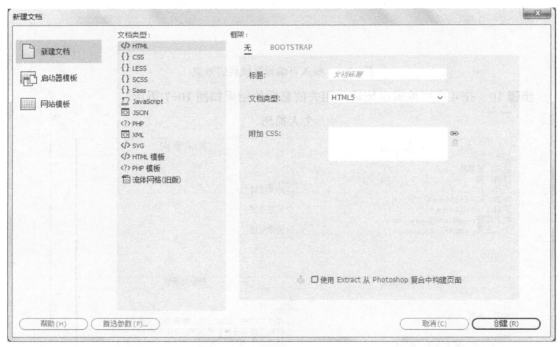

图 10-8　打开 Dreamweaver CC

步骤 2　执行"文件"→"新建"命令，弹出"新建文档"对话框，如图 10-9 所示。

步骤 3　执行"启动器模板"→"基本布局"→"基本-单页"命令后，单击"创建"按钮，出现的"Untitled-1.html"文件，如图 10-10 所示。

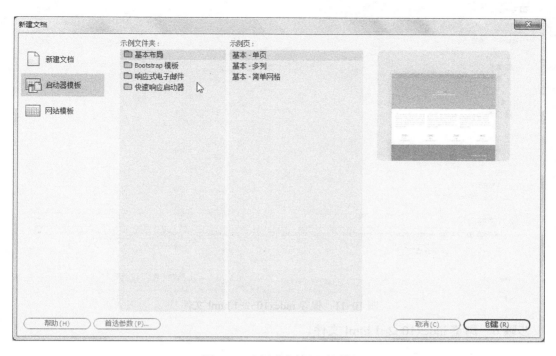

图 10-9 "新建文档"对话框

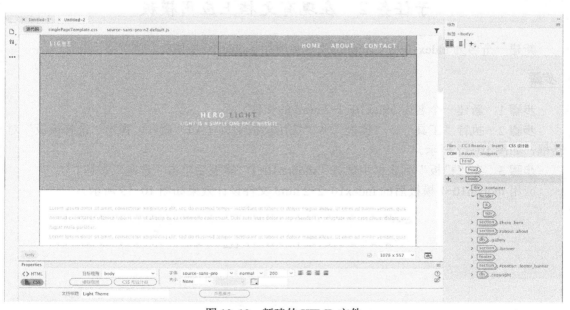

图 10-10 新建的 HTML 文件

步骤 4 执行"文件"→"保存"命令后，弹出如图 10-11 所示的"另存为"对话框。

步骤 5 在"保存在"下拉列表框中选择"第十章"，在"文件名"文本框中输入"index10-2-1.html"后单击"保存"按钮。

图 10-11 保存 index10-2-1.html 文件

步骤 6 浏览 index10-2-1.html 文件。

子任务 2 在现有文档上应用模板

新建一个名为 index10-2-2.html 的文件后应用 moban10-1 模板。

步骤

步骤 1 新建一个名为 index10-2-2.html 的文件。

步骤 2 执行"工具"→"模板"→"应用模板到页(A)"命令,弹出"选择模板"对话框,如图 10-12 所示。

步骤 3 在"模板"列表框中选择"moban10-1"模板后单击"选定"按钮。

应用 moban10-1 模板后的 index10-2-2.html 文件设计效果如图 10-13 所示。

图 10-12 "选择模板"对话框

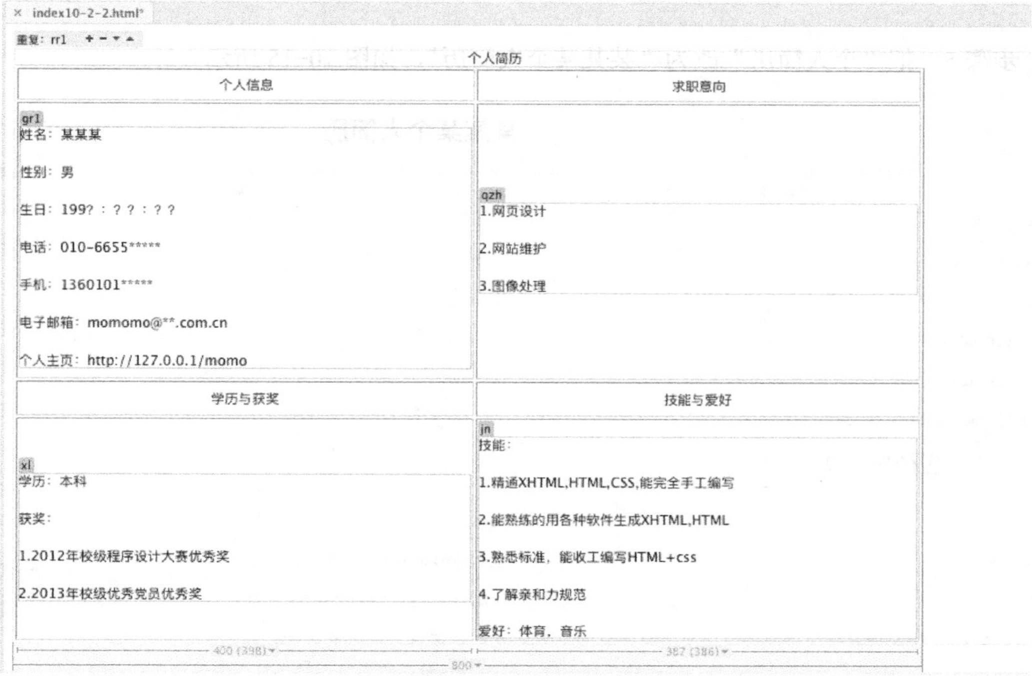

图 10-13 应用模板后的效果

注意

现在只能修改可编译区域的内容，不能修改其他内容。

步骤 4 执行"工具"→"模板"→"从模板中分离（D）"命令后的效果如图 10-14 所示。

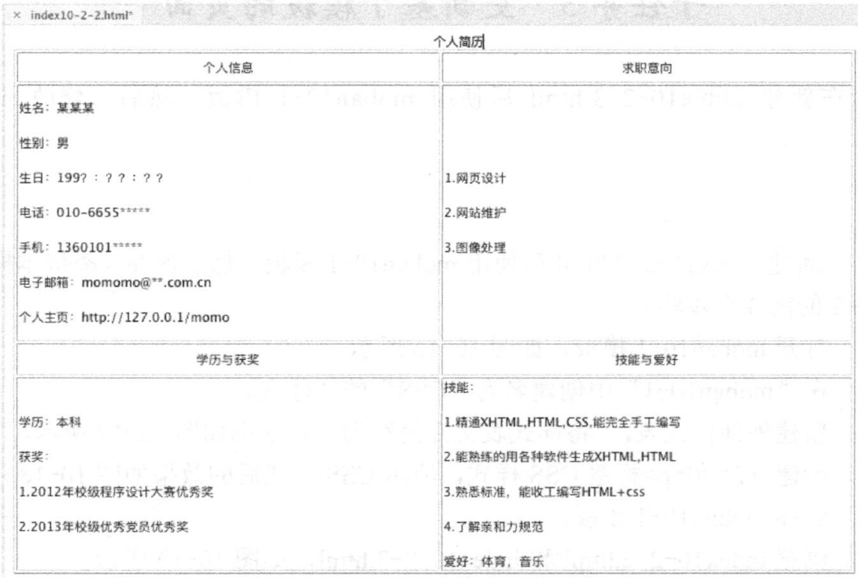

图 10-14 从模板中分离文档后的效果

步骤 5 把"个人简历"改为"某某某个人简历",如图 10-15 所示。

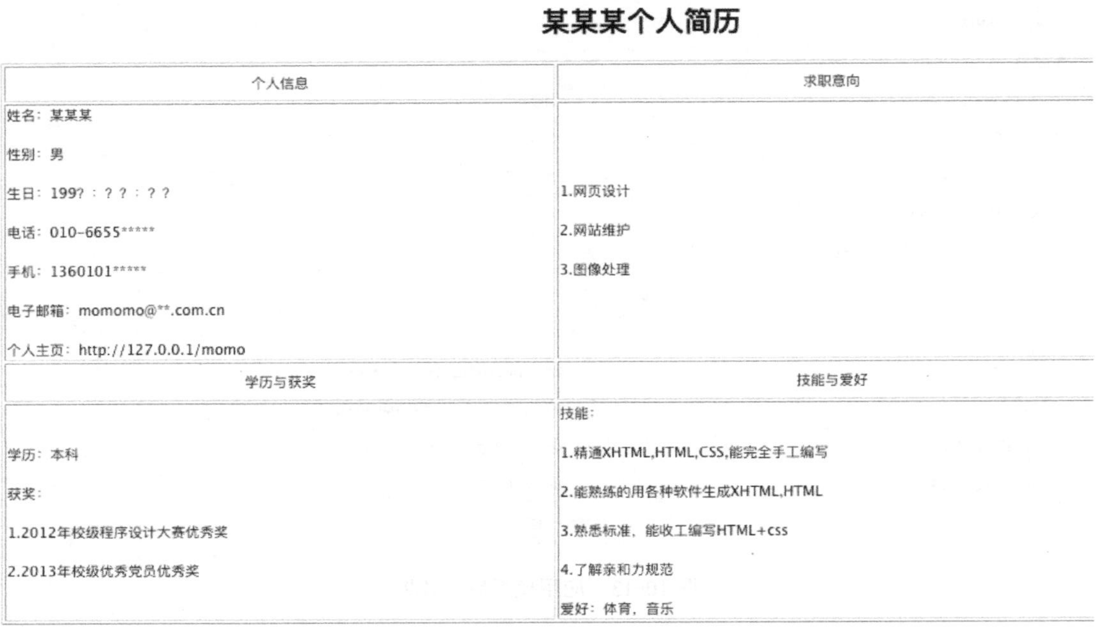

某某某个人简历

个人信息	求职意向
姓名：某某某	
性别：男	
生日：199?：？？：？？	1.网页设计
电话：010-6655*****	2.网站维护
手机：1360101*****	3.图像处理
电子邮箱：momomo@**.com.cn	
个人主页：http://127.0.0.1/momo	
学历与获奖	**技能与爱好**
	技能：
学历：本科	1.精通XHTML,HTML,CSS,能完全手工编写
获奖：	2.能熟练的用各种软件生成XHTML,HTML
1.2012年校级程序设计大赛优秀奖	3.熟悉标准，能收工编写HTML+css
2.2013年校级优秀党员优秀奖	4.了解亲和力规范
	爱好：体育，音乐

图 10-15 修改后的 index10-2-2.html

步骤 6 浏览 index10-2-2.html 文件。

子任务 3 更新基于模板的页面

首先，在新建 index10-2-3.html 后使用 moban10-1 模板，然后，修改 moban10-1 模板。

步骤

步骤 1 新建 index10-2-3.html 后使用 moban10-1 模板，然后保存（类似本模块中任务二的子任务 2 的前 3 个步骤）。

步骤 2 打开 moban10-1 模板，如图 10-16 所示。

步骤 3 在"moban10-1"中创建名为"CSS"的文件夹。

步骤 4 新建外部样式表，"将样式表文件另存为"对话框如图 10-17 所示。

步骤 5 新建<h2>和<p>标签 CSS 样式，应用 CSS 样式后的效果如图 10-18 所示。

步骤 6 保存 moban10-1 模板。

步骤 7 浏览 index10-2-2.html 和 index10-2-3.html，如图 10-19 所示。

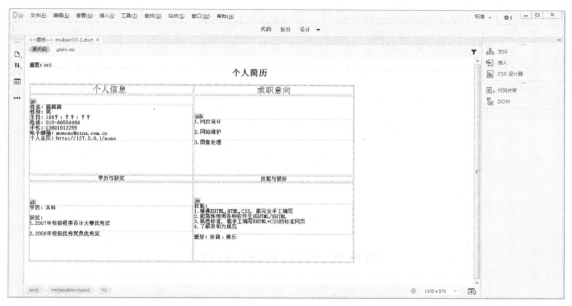

图 10-16　打开 moban10-1 模板

图 10-17　"将样式表文件另存为"对话框

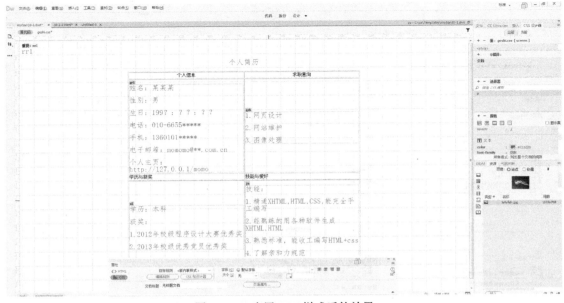

图 10-18　应用 CSS 样式后的效果

图 10-19　浏览 index10-2-2.html 和 index10-2-3.html

任务三　创建、管理和编辑库项目

知识导读

在 Dreamweaver CC 文档中，可以将任何元素创建为库项目，这些元素包括文本、图像、表格、表单、插件、ActiveX 控件以及 Java 程序等。库项目文件的扩展名为.lbi，所有的库项目都保存在一个文件中，且库文件的默认设置文件夹为"站点文件夹\Library"。

子任务 1　创建库项目

使用库能够有效地减少一些重复性的操作，如链接的设置等。另外，使用库的更新功能还能减少网站的维护工作量。

新建名为"ku10-3"的库项目后插入表格。

步骤

步骤 1　打开 Dreamweaver CC，执行"窗口"→"资源"命令，打开"资源"面板，单击该面板上的图标按钮🕮，切换到"库"选项中，如图 10-20 所示。

步骤 2　单击"资源"面板右下角的图标按钮🛨。

步骤 3　新建库文件并把其文件名改为"ku10-3"，如图 10-21 所示。

步骤 4　插入 1 行 4 列表格，设置如图 10-22 所示。

步骤 5　保存 ku10-3.lbi 库。

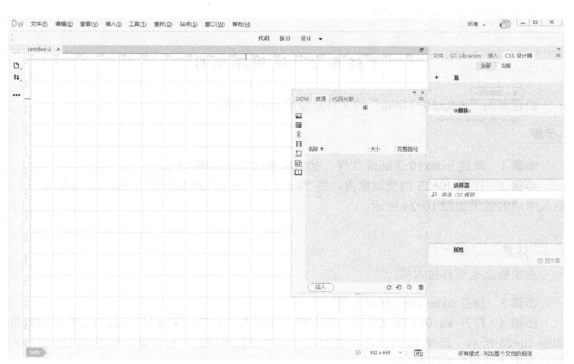

图 10-20　切换到"库"选项

图 10-21 新建 ku10-3.lbi 库文件

图 10-22 插入表格后的库

 注意

保存库与保存模板步骤一样。

子任务 2 使用库项目

新建名为"index10-3.html"的文件后使用 ku10-3 库。

步骤

步骤 1 新建 index10-3.html 文件，插入库前的效果如图 10-23 所示。

步骤 2 在图 10-23 的资源框内，将"ku10-3"库文件拖到左侧的 index10-3.html 中，插入库后的效果如图 10-24 所示。

 注意

在模板上也可以插入库。

步骤 3 保存 index10-3.html 文件。

步骤 4 打开 ku10-3 库文件后，在表格下面输入"修改库文件"，修改库文件后的效果如图 10-25 所示。保存 ku10-3 库文件时将弹出"更新库项目"对话框，如图 10-26 所示，此时单击"更新"按钮即可。

步骤 5 浏览 index10-3.html，效果如图 10-27 所示。

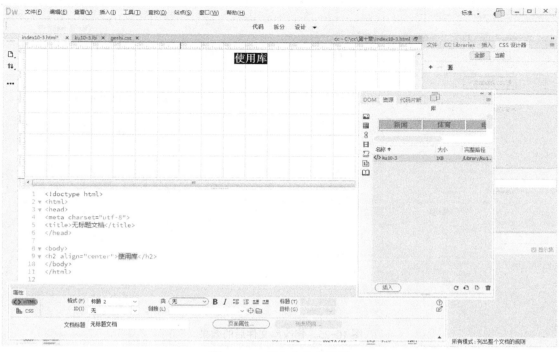

图 10-23　插入库前的效果

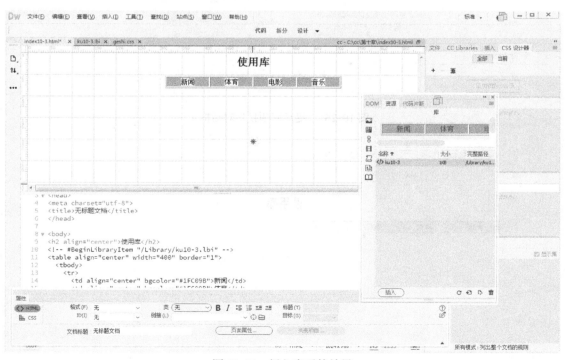

图 10-24　插入库后的效果

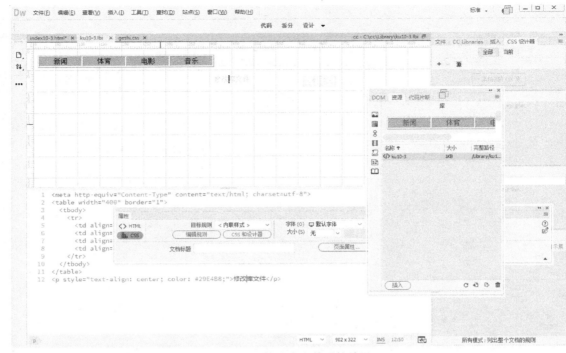

图 10-25　修改库文件后的效果

图 10-26　"更新库项目"对话框

图 10-27　浏览 index10-3.html

任务四　利用模板创建案例

制作一个"个人简历"网页。

步骤

步骤 1　新建一个名为"lizi"的站点，在 lizi 站点新建两个文件夹，分别为 Image 和 CSS 文件夹。

步骤 2　将需要用到的图片放到 Image 文件夹里。

步骤 3　新建名为"index.dwt"的模板。

步骤 4　新建名为"rr1"的重复区域，在 rr1 里面新建名为"er1"的可编辑区域，如图 10-28 所示。

图 10-28　网页的头部模板

步骤 5　新建名为"rr2"的重复区域。

步骤 6　在 rr2 中插入 7 行 2 列表格。

步骤 7　在表格的每行的第 2 列中新建名为"er2"等 7 个可编辑区域。

步骤 8　在表格下面新建 4 个可编辑区域，如图 10-29 所示。

图 10-29　个人简历框架

步骤 9　保存 index.dwt 模板。

步骤 10　新建名为"geshi.css"的外部标签样式表。

步骤 11　新建名为"index.html"的文件。

步骤 12　在 index.html 文件中应用"index"模板。

步骤 13　录入信息后保存 index.html 文件。

步骤 14　浏览 index.html 文件，效果如图 10-30 所示。

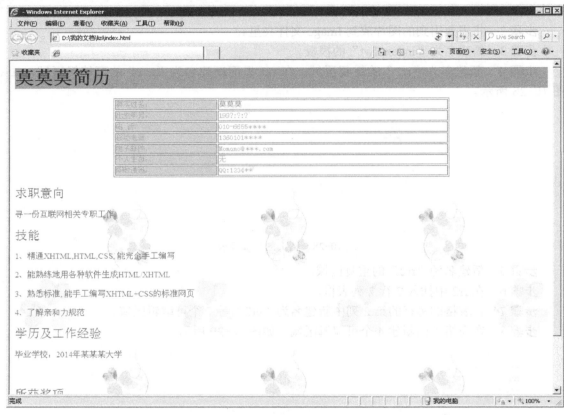

图 10-30　最终的效果

学 材 小 结

理论知识

1）模板的区域是_____、_____和_____。

2）执行"_____"→"_____"菜单命令，打开"资源"面板。

3）执行"_____"→"_____"→"_____"菜单命令，弹出"选择模板"对话框。

实训任务

实训 在模板中插入库（必做）

【实训目的】

掌握模板和库的定义及应用。

【实训内容】

本例首先新建名为"ku1.lbi"的库文件，然后新建名为"mb1.dwt"的模板文件，最后在模板中插入 ku1.lbi 库文件。

【实训步骤】

步骤

步骤1 打开 Dreamweaver CC，执行"窗口"→"资源"菜单命令，打开"资源"面板，单击该面板上的"＿＿＿"按钮，切换到"库"选项中。

步骤2 单击"资源"面板右下角的图标按钮 [图]。

步骤3 新建库文件并将其文件名改为"ku1.lbi"。

步骤4 插入图片后保存 ku1.lbi 库文件。

步骤5 执行"窗口"→"资源"菜单命令，打开"资源"面板，单击该面板上的"＿＿＿"按钮，切换到"模板"选项中。

步骤6 新建名为"mb1.dwt"的模板文件。

步骤7 打开"资源"面板，单击该面板上的"＿＿＿"按钮，切换到"库"选项中，将 ku1.lbi 库文件拖到 mb1.dwt 模板文件上。

步骤8 保存 mb1.dwt 模板文件。

 拓展练习

1）制作关于个人主页的模板。

2）使用模板创建新的个人主页。

模块十一

网站规划、建设、发布与维护

本模块导读

一个网站的成功与否与建站前的网站规划有着极为重要的关系。在建立网站前应明确建设网站的目的，确定网站的功能，确定网站规模、投入费用，进行必要的市场分析等。只有详细的规划，才能避免在网站建设中出现的很多问题，使网站建设能顺利进行。

网站建设完成后，要发布到网络服务器才能被大众访问。发布一个网站，一般需要申请网站空间、申请域名、上传文件等步骤。

网站正式投入运行后，其日常维护也是非常重要的工作，将伴随着网站的生存期而存在。网络维护一般指对网站页面的修改和功能的增删等，一般可以使用 Dreamweaver 中提供的 FTP 远程文件管理及维护功能。

本模块以一个企业网站建设为示例，逐步讲解如何进行前期规划，以及如何发布、管理和维护一个网站。

本模块要点

● 如何进行网站的前期规划

● 用 Dreamweaver CC 进行网站建设的完整实例

● 如何使用 FTP 发布网站

● 如何使用 Dreamweaver CC 维护远程网站

任务一　网站前期规划

知识导读

网站规划是指在网站建设前对市场进行分析、确定网站的目的和功能，并根据需要对网站建设中的技术、内容、费用、测试、维护等进行规划。网站规划对网站建设起到计划和指导的作用，对网站的内容和维护起到定位作用。

网站规划一般以网站规划书的形式给出。网站规划书应该尽可能涵盖网站规划中的各个方面，网站规划书的写作要科学、认真、实事求是。

网站规划书包含的内容如下：

1. 建设网站前的市场分析

1）相关行业的市场是怎样的，市场有什么样的特点，是否能够在互联网上开展公司业务。

2）市场主要竞争者分析，竞争对手上网情况及其网站规划、功能作用。

3）企业自身条件分析、企业概况、市场优势，可以利用网站提升哪些竞争力，建设网站的能力（费用、技术、人力等）。

2. 建设网站目的及功能定位

1）为什么要建立网站？是为了宣传产品，进行电子商务，还是建立行业性网站？是企业的需要还是市场开拓的延伸？

2）整合公司资源，确定网站功能。根据公司的需要和计划，确定网站的功能，即产品宣传型、网上营销型、客户服务型或电子商务型等。

3）根据网站功能，确定网站应达到的目的和作用。

4）企业内部网（Intranet）的建设情况和网站的可扩展性。

3. 网站技术解决方案

根据网站的功能确定网站技术解决方案。

1）确定是采用自建服务器，还是租用虚拟主机。

2）选择用 UNIX、Linux 还是 Windows 2000/NT。同时，分析投入成本、功能、开发、稳定性和安全性等。

3）确定采用系统性的解决方案，如 IBM、HP 等公司提供的企业上网方案、电子商务解决方案，还是自己开发。

4）网站安全性措施，防黑、防病毒方案。

5）相关程序开发，如网页程序 ASP、JSP、CGI 和数据库程序等。

4．网站内容规划

1）根据网站的目的和功能规划网站内容，一般企业网站应包括：公司简介、产品介绍、服务内容、价格信息、联系方式、网上定单等基本内容。

2）电子商务类网站要提供会员注册、详细的商品服务信息、信息搜索查询、定单确认、付款、个人信息保密措施、相关帮助等内容。

3）如果网站栏目比较多，则考虑采用网站编程专业人员负责相关内容。注意：网站内容是网站吸引浏览者最重要的因素，无内容或不实用的信息不会吸引匆匆浏览的访客。可事先对人们希望阅读的信息进行调查，并在网站发布后调查人们对网站内容的满意度，以及时调整网站内容。

5．网页设计

1）网页涉及美术设计，网页美术设计一般要与企业整体形象一致，要符合 CI 规范。同时，要注意网页色彩、图片的应用及版面规划，保持网页的整体一致性。

2）在新技术的采用上要考虑主要目标访问群体的分布地域、年龄阶层、网络速度、阅读习惯等。

3）制定网页改版计划，如半年到一年时间进行较大规模改版等。

6．网站维护

1）服务器及相关软硬件的维护，对可能出现的问题进行评估，制定响应时间。

2）数据库维护，有效地利用数据是网站维护的重要内容，因此数据库的维护要受到重视。

3）内容的更新、调整等。

4）制定相关网站维护的规定，将网站维护制度化、规范化。

7．网站测试

网站发布前要进行细致周密的测试，以保证正常浏览和使用。主要测试内容包含：

1）服务器稳定性、安全性。

2）程序及数据库测试。

3）网页兼容性测试，如浏览器、显示器。

4）根据需要的其他测试。

8．网站发布与推广

1）网站测试后进行发布的公关、广告活动。

2）搜索引擎登记等。

9．网站建设日程表

各项规划任务的开始及完成时间，以及负责人等。

10．费用明细

各项事宜所需费用清单。

以上为网站规划书中应该体现的主要内容，根据不同的需求和建站目的，内容也会再增加或减少。在建设网站之初一定要进行细致的规划，才能达到预期建站目的。

任务二　企业宣传网站制作实例

知识导读

企业网站是以企业为主体而创建的网站，该类型网站主要包含公司介绍、产品、服务等几个方面。网站通过对企业信息的系统介绍，让浏览者熟悉企业的情况，了解企业所提供的产品和服务，并通过有效的在线交流方式搭起潜在客户与企业之间的桥梁。

建设企业网站，在于让网站真正发挥作用，成为有效的网络营销工具和网上销售渠道。一般企业网站主要有以下功能。

1）公司概况：包括公司背景、发展历史、主要业绩、经营理念、经营目标及组织结构等，让用户对公司的情况有一个概括的了解。

2）产品/服务展示：浏览者访问网站的主要目的是为了对公司的产品和服务进行深入的了解。如果企业提供多种产品服务，就要利用产品展示系统对产品进行系统地管理，包括产品的添加与删除、产品类别的添加与删除、特价产品和最新产品、推荐产品和管理、产品的快速搜索等。

3）产品搜索：如果公司产品比较多，无法简单地全部列出，而且经常有产品升级换代，那么为了让用户能够方便地找到所需要的产品，除了设计详细的分级目录之外，增加关键词搜索功能会是一个有效的措施。

4）信息发布：网站是一个信息载体，在法律许可的范围内，可以发布一切有利于企业形象、顾客服务及促进销售的企业新闻、各种促销信息、招标信息、合作信息和人员招聘信息等。

5）网上调查：通过网站上的在线调查表，可以获得用户的反馈信息，用于产品调查、消费者行为调查、品牌形象调查等，是获得第一手市场资料有效的调查工具。

6）技术支持：这一点对于生产或销售高科技产品的公司尤为重要，网站上除了产品说明书之外，企业还应该将用户关心的技术问题及其答案公布在网上，如一些常见故障处理、产品的驱动程序、软件工具的版本等信息资料，可以用在线提问或常见问题回答的方式体现。

7）联系信息：网站上应该提供足够详尽的联系信息，除了公司的地址、电话、传真、邮政编码、网管 E-mail 地址等基本信息之外，最好能详细地列出客户或者业务伙伴可能需要联系的具体部门的联系方式。

8）辅助信息：有时由于企业产品比较少，网页内容显得有些单调，这时就可以通过增加一些辅助信息来弥补这种不足。辅助信息的内容比较广泛，可以是本公司、合作伙伴、经销商或用户的一些相关产品保养、维修常识等。

子任务 1　制作模板

在架设一个网站时，通常会根据网站的需要设计风格一致、功能相似的页面。下面先为网站制作一个模板，用来创建其他风格一致的网页。使用模板技术时，一定要先创建站点，模板文件将自动保存在站点根目录下的 Templates 子目录中。

步骤

步骤1　在站点中新建模板"index"，并插入一个 2 行 1 列，宽度为 760 像素的表格（记为表格 1），设置边框、边距及间距为 0（下面的所有表格边框、边距及间距均为 0），对齐方式为"居中对齐"，如图 11-1 所示。

图 11-1　插入表格 1

步骤2　在第 1 行单元格中插入标题图片"images/top.jpg"，如图 11-2 所示。

图 11-2　插入标题图片

步骤3　设置第 2 行单元格背景为"images/zhuye_4.gif"，并在其中插入一个 1 行 9 列的导航菜单表格，如图 11-3 所示。

图 11-3　插入导航菜单表格

步骤 4 分别在单元格中输入文本，设置大小为 12 像素，文本颜色为#FFFFFF，且居中对齐，如图 11-4 所示。

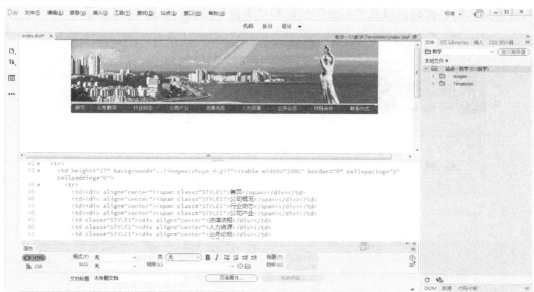

图 11-4　完成导航菜单界面

步骤 5 在表格 1 下面再插入一个 1 行 2 列的表格（记为表格 2），设置宽度为 760 像素，居中对齐。在第一列中插入一个 1 行 1 列的表格（记为表格 3），设置宽为 181 像素，高为 154 像素，并设置背景图案为"images/zhuye_5.gif"，如图 11-5 所示。

图 11-5　插入会员登录表格

步骤 6 在表格 3 中插入一个 3 行 2 列的表格（记为表格 4），设置填充、间距为 1，且居中对齐。在第一列单元格分别输入"用户名："和"密码："字样，在第二列单元格分别插入普通文本框、密码框以及"提交"按钮和"重置"按钮，如图 11-6 所示。

图 11-6 完成会员登录界面

步骤 7 在表格 2 的第一列中，表格 3 下面插入一个 3 行 1 列的表格（记为表格 5），在第 1 行中插入图片"images/zhuye01.jpg"；设置第二行的背景图为"images/zhuye02.jpg"，高为 80 像素；在第三行中插入图片"images/zhuye03.gif"。完成后如图 11-7 所示。

图 11-7 插入公司动态表格

步骤 8 在表格 5 的第二行单元格中插入一个 1 行 1 列的表格（记为表格 6），设置宽度为 95%，居中对齐，并在其中输入公司动态的文本，文字大小为 12 像素；切换到代码视图，在公司动态文本的前面输入代码：

```
<marquee onmouseover="this.stop()" onmouseout="this.start()" scrollamount="1" scrolldelay="20" direction="up" width="100%" height="80">
```

在文本后面输入代码：</marquee>，如图 11-8 所示。

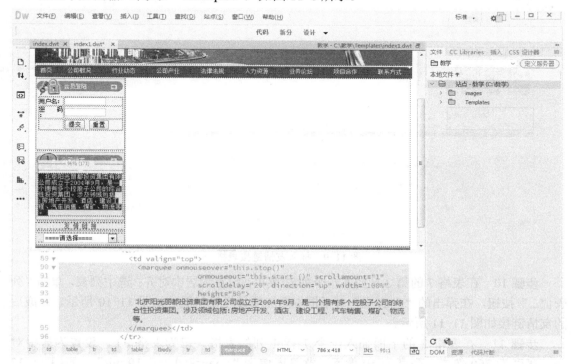

图 11-8　滚动文本代码

信息卡

利用<marquee>标签可实现滚动公告效果，主要属性如下。

- ➢ align：文字对齐方式。
- ➢ width：设置宽度。
- ➢ height：设置高度。
- ➢ direction：文字滚动方向，其值可取 right、left、up 和 down。
- ➢ behavior：动态效果，其值可以取 scroll（滚动）、slide（幻灯片）、alternate（交替）。
- ➢ scrolldelay：滚动速度，单位为毫秒。
- ➢ scrollamount：滚动数量，单位为像素。

步骤 9 友情链接界面利用列表/菜单来制作。在表格 5 的下面插入一个 2 行 1 列的表格（记为表格 7），设置背景颜色为"＃C7E2FF"，在第一行输入文本"友情链接"，设置为居中对齐，如图 11-9 所示。

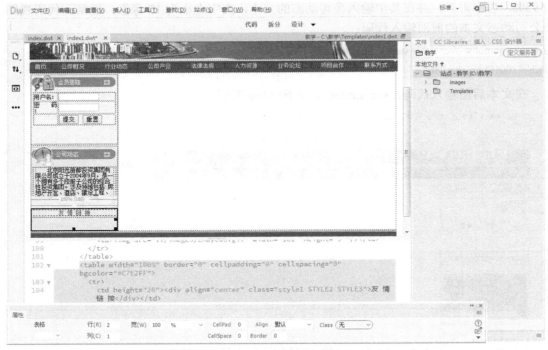

图 11-9 插入友情链接表格

步骤 10 在表格 7 的第 2 行插入一个列表/菜单，设置为居中对齐；选中列表，单击"列表值…"按钮，在弹出的"列表值"对话框中添加项目标签和值，如图 11-10 所示。完成后的友情链接如图 11-11 所示。

步骤 11 在表格 2 的下面插入一个 1 行 1 列的表格（记为表格 8），设置为居中对齐，宽度为 760 像素，高度为 50 像素，背景图像为"images/zhuye_19.jpg"，如图 11-12 所示。

步骤 12 在表格 8 的单元格中输入版权文本，设置为居中对齐，颜色为#FFFFFF。至此，网页主体内容制作完成，如图 11-13 所示。

步骤 13 在表格 2 的第二列单元格中，添加一个模板可编辑区域 EditRegion3，如图 11-14 所示。

步骤 14 保存本模板文件。至此，模板页的制作已经完成。

图 11-10 添加友情链接

244

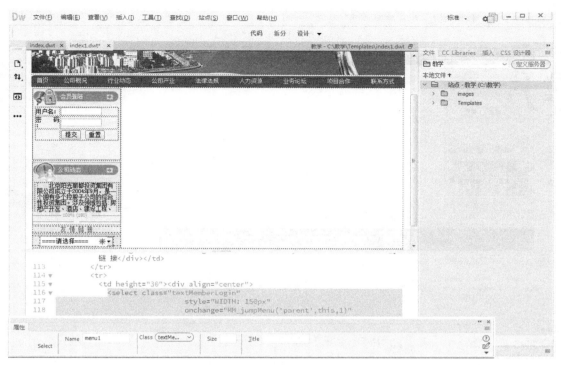

图 11-11　完成友情链接界面

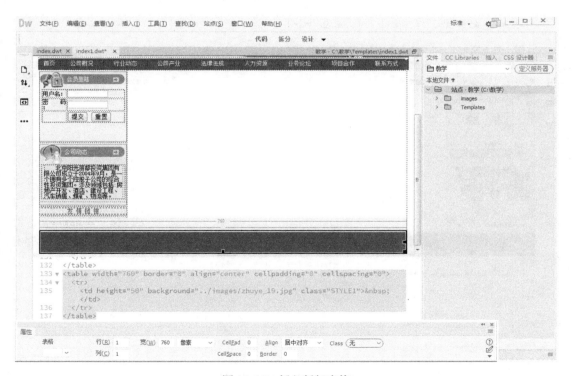

图 11-12　插入版权表格

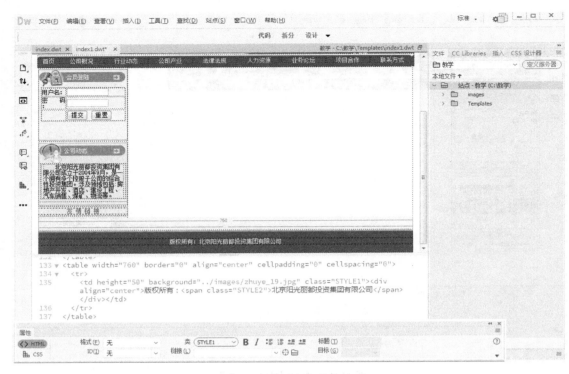

图 11-13　完成版权信息界面

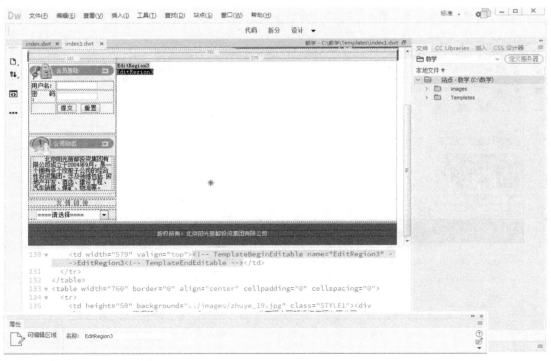

图 11-14　添加可编辑区域

子任务 2 利用模板制作主页

步骤

步骤 1 在站点中新建空白网页"index.html",执行"修改"→"模板"→"应用模板到页"命令,选择模板"index",单击"选定"按钮后将模板应用到当前页面,如图 11-15 所示。

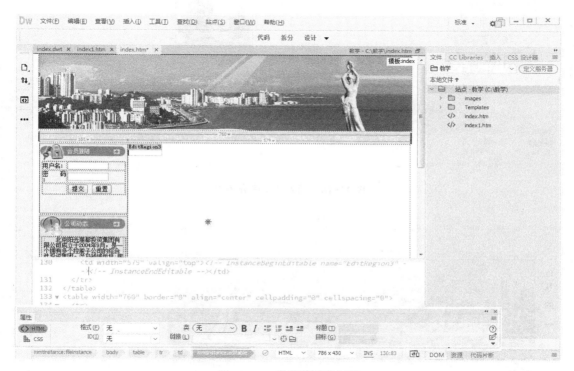

图 11-15 应用模板到主页

步骤 2 在可编辑区域中插入一个 1 行 1 列的表格(记为表格 1),设置单元格背景图像为"images/zhuye_6.jpg",高度为 200 像素,如图 11-16 所示。

步骤 3 在表格 1 单元格中,插入一个 3 行 3 列的表格,在第 2 行第 2 列单元格中输入公司简介的文本,并调节行列的宽度和高度,使文本正好位于公司简介中的空白区域,如图 11-17 所示。

步骤 4 在表格 1 下面插入一个 2 行 1 列的表格(记为表格 2),在第 1 行单元格中插入图像"images/zhuye_8.gif",如图 11-18 所示。

步骤 5 在表格 2 第二行单元格中插入 5 行 3 列的表格,设置为居中对齐,并在各单元格中插入图像及文本,如图 11-19 所示。

图 11-16　插入公司简介表格

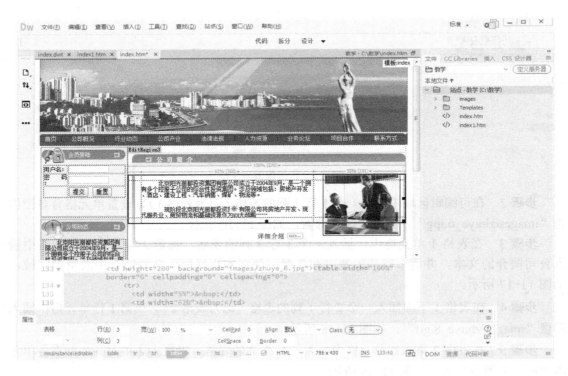

图 11-17　完成后的公司简介

图 11-18　插入行业动态表格

图 11-19　完成后的行业动态界面

步骤6 在表格 2 的下面插入一个 1 行 1 列的表格（记为表格 3），在单元格中插入图像"images/index1.jpg"，如图 11-20 所示。至此，主页的基本制作已经完成，完成效果如图 11-21 所示。

图 11-20 完成后的公司产业界面

图 11-21 完成后主页效果

任务三 发 布 网 站

知识导读

一个网站制作完成后，要想让浏览者看到，需要进行一系列发布操作。首先要为网站申请一个域名，这是浏览者直接记忆，并用于访问的网站地址；然后需要在网络上申请一个服务器空间，用于存储网站文件以供浏览者访问，并且需要将空间 IP 地址与域名绑定，以方便浏览者记忆和访问；最后将全部网站文件上传到服务器空间，即可完成网站发布工作，浏览者就可以通过域名进行访问了。

子任务 1 申 请 域 名

域名是连接企业和互联网网址的纽带，它像品牌、商标一样具有重要的识别作用，是企业在网络上存在的标志，担负着标识站点和形象展示的双重作用。

当前国内有很多域名与空间的提供商，各个提供商的申请步骤都不完全相同，但基本流程是一致的。下面以中国万网为例演示如何申请域名和空间。

步骤

步骤 1 输入中国万网网址"http://www.net.cn/"，如图 11-22 所示。

图 11-22 "中国万网"首页

步骤 2 在中间的"查询域"中可以查询该域名是否已被注册过。在文本框内输入要查询的域名，在下面选择要查询的顶级域名，单击"查域名"按钮即可。如查询域名"wangyecc"，查询结果如图 11-23 所示。

图 11-23 域名"wangyecc"的查询结果

步骤 3 如果想要注册域名"wangyecc.xyz",则单击"wangyecc.xyz"后面的"加入清单"并"立即结算",进入下一步。

步骤 4 在年限与价格下拉列表中选择要购买的年限,并在下面的"推荐产品"中选择其他需要一并购买的服务,这里先不做选择,仿照图例 11-24 勾选。单击"创建信息模版"按钮后进入注册的下一步,输入各项注册信息,如图 11-25 所示。

图 11-24 选择要购买的服务

图 11-25 输入注册信息后的页面

注意

1）域名密码是管理域名的重要信息，注册后需妥善保管。

2）以上信息中的注册人或注册单位就是将来域名的所有者，具有法律效力，需慎重填写。

步骤 5 单击"保存"按钮后，进入信息确认页面。

步骤 6 单击"立即购买"按钮，进入购买成功提示页面。

步骤 7 至此，域名申请操作已经完成。然后，可以从万网提供的多种付款方式中，选择一种进行付款，即可开通该域名。牢记给出的数字 ID，并进入注册时输入的邮箱中获取密码，然后可以使用该数字 ID 和密码登录万网域名管理平台进行管理操作。付款过程及域名解析的设置过程因网站而异，一般可以联系网站客服获取帮助，此处不再详述。

知识点详解

1．什么是域名

网络是基于 TCP/IP 进行通信和连接的，每一台主机都有一个唯一的标识固定的 IP 地址，以区别在网络上成千上万个用户和计算机。网络中的地址方案分为两套：IP 地址系统和域名地址系统，这两套地址系统其实是一一对应的关系。由于 IP 地址是数字标识，使用时难以记忆和书写，因此在 IP 地址的基础上又发展出一种符号化的地址方案，来代替数字型的 IP 地址。每一个符号化的地址都与特定的 IP 地址对应，这样网络上的资源访问起来就容易得多了。这个与网络上的数字型 IP 地址相对应的字符型地址称为域名。

域名就是上网单位的名称，是一个通过计算机登录网络的单位在该网中的地址。一个公司如果希望在网络上建立自己的主页，就必须取得一个域名，域名也是由若干部分组成，包括数字和字母。通过该地址，人们可以在网络上找到所需的详细资料。域名是上网单位和个人在网络上的重要标识，起着识别作用，便于他人识别和检索某一企业、组织或个人的信息资源，从而更好地实现网络上的资源共享。除了识别功能外，在虚拟环境下，域名还可以起到引导、宣传、代表等作用。

2．域名级别

域名可分为不同级别，包括顶级域名、二级域名等。

顶级域名又分为两类：一是国家或地区顶级域名，目前 200 多个国家或地区都按照 ISO3166 国家代码分配了顶级域名，如中国是 cn、美国是 us、日本是 jp 等；二是国际顶级域名，如表示工商企业的.com，表示网络提供商的.net，表示非营利组织的.org 等。目前大多数域名争议都发生在 com 的顶级域名下，因为多数公司上网的目的都是为了赢利。为加强域名管理，解决域名资源的紧张问题，Internet 协会、Internet 分址机构及世界知识产权组织（WIPO）等国际组织经过广泛协商，在原来三个国际通用顶级域名（com、net、org）的基础上，新增加了 7 个国际通用顶级域名：firm（公司企业）、store（销售公司或企业）、web（突出 WWW 活动的单位）、arts（突出文化、娱乐活动的单位）、rec（突出消遣、娱乐活动的单位）、info（提供信息服务的单位）、nom（个人），并在世界范围内选择新的注册机构来受理域名注册申请。

二级域名是指顶级域名之下的域名，一类是在国际顶级域名下，指域名注册人的网上名称，如 ibm、yahoo、microsoft 等；另一类是在国家或地区顶级域名下，表示注册企业类别的符号，如 com、edu、gov、net 等。在第二种情况下，表示域名注册人的网上名称就只能写在域名第三级上了，如 immu.edu.cn，其中 cn 是国家顶级域名，edu 是教育类别符号，immu 是注册人的网上名称。

3．注册域名

域名的注册遵循先申请先注册原则，管理机构对申请人提出的域名是否违反了第三方的权利不进行任何实质审查。同时，每一个域名的注册都是唯一的、不可重复的。因此，在网络上，域名是一种相对有限的资源，它的价值将随着注册企业的增多而逐步为人们所重视。各个机构管理域名的方式和域名命名的规则也有所不同。但域名的命名也有一些共同的规则：

（1）域名中只能包含以下字符

1）26 个英文字母。

2）0~9 这十个数字。

3）"-"（英文中的连词号，但不能是第一个字符）。

4）对于中文域名而言，还可以含有中文字符而且是必须含有中文字符（日文、韩文等域名类似）。

（2）域名中字符的组合规则

1）在域名中，不区分英文字母的大小写和中文字符的简繁体。

2）对于一个域名的长度是有一定限制的，CN 下域名命名的规则如下。

① 遵照域名命名的全部共同规则。

② 只能注册三级域名，三级域名用字母（A～Z，a～z，大小写等价）、数字（0～9）和连接符（−）组成，各级域名之间用实点（.）连接，三级域名长度不得超过 20 个字符。

③ 不得使用或限制使用以下名称（下表列出了一些注册此类域名时需要提供的材料）：

➢ 注册含有"CHINA""CHINESE""CN""NATIONAL"等域名时，需经国家有关部门（指部级以上单位）正式批准。

➢ 公众知晓的其他国家或者地区名称、外国地名、国际组织名称不得使用。

➢ 含有县级以上（含县级）行政区划名称的全称或者缩写时，需相关县级以上（含县级）人民政府正式批准。

➢ 行业名称或者商品的通用名称不得使用。

➢ 他人已在中国注册过的企业名称或者商标名称不得使用。

➢ 对国家、社会或者公共利益有损害的名称不得使用。

➢ 经国家有关部门（指部级以上单位）正式批准和相关县级以上（含县级）人民政府正式批准，是指相关机构要出具书面文件表示同意××××单位注册××××域名。例如，要申请 beijing.com.cn 域名，则要提供北京市人民政府的批文。

4．域名选取技巧

域名是访问者通达企业网站的"钥匙"，是企业在网络上存在的标志，担负着标示站点和导向企业站点的双重作用。

域名对于企业开展电子商务活动具有重要的作用，它被誉为网络时代的"环球商标"，一个好的域名会大大增加企业在互联网上的知名度。因此，企业选取好的域名就显得十分重要。

（1）域名选取的原则　在选取域名的时候，首先要遵循以下两个基本原则。

1）域名应该简明易记，便于输入。这是判断域名好坏最重要的因素之一。一个好的域名应该短而顺口，便于记忆，最好让人看一眼就能记住，而且读起来发音清晰，不会导致拼写错误。此外，域名选取还要避免同音异义词。

2）域名要有一定的内涵和意义。用有一定意义和内涵的词或词组作为域名，不但可记忆性好，而且有助于实现企业的营销目标。例如，企业的名称、产品名称、商标名、品牌名等都是不错的选择，这样能够使企业的网络营销目标和非网络营销目标达成一致。

（2）域名选取的技巧

1）用企业名称的汉语拼音作为域名。这是为企业选取域名的一种较好方式，实际上大部分国内企业都是这样选取域名。例如，小米官网的域名为 xiaomi.com，新飞电器的域名为 xinfei.com，海尔集团的域名为 haier.com，四川长虹集团的域名为 changhong.com，华为技术有限公司的域名为 huawei.com。这样的域名有助于提高企业在线品牌的知名度，即使企业不进行任何宣传，其在线站点的域名也很容易被人想到。

2）用企业名称相应的英文名作为域名。这也是国内许多企业选取域名的一种方式，这样的域名特别适合与计算机、网络和通信相关的一些行业。例如，长城计算机公司的域名为 greatwall.com.cn。

3）用企业名称的缩写作为域名。有些企业的名称比较长，如果用汉语拼音或者用相应的英文名作为域名就显得过于烦琐，不便于记忆。因此，用企业名称的缩写作为域名不失为一种好方法。缩写包括两种方法：一种是汉语拼音缩写，另一种是英文缩写。例如，广东步步高电子工业有限公司的域名为 gdbbk.com，泸州老窖集团的域名为 lzlj.com.cn，计算机世界的域名为 ccw.com.cn。

4）用汉语拼音的谐音形式给企业注册域名。在现实中，采用这种方法的企业也不在少数。例如，美的集团的域名为 midea.com.cn，康佳集团的域名为 konka.com，格力集团的域名为 gree.com.cn，新浪的域名为 sina.com.cn。

5）以中英文结合的形式给企业注册域名。这样的例子有许多，如中国人网的域名为 chinaren.com。

6）在企业名称前后加上与网络相关的前缀和后缀。常用的前缀有 e、i、net 等；后缀有 net、web、line 等。例如，中国营销传播网的域名为 emkt.com.cn、电商时代 IT 导购网的域名为 it168.com。

7）用与企业名不同但有相关性的词或词组作为域名。一般情况下，企业选取这种域名的原因有多种：或者是因为企业的品牌域名已经被别人抢注不得已而为之，或者觉得新的域名可能更有利于开展网上业务。例如，某一家法律服务公司，它选择 patents.com 作为域名。很明显，用"patents.com"作为域名要比用公司名称更合适。另外一个很好的例子是一家在线销售宝石的零售商，它选择了 jeweler.com 作为域名，这样做的好处是显而易见的：即使公司不做任何宣传，许多顾客也会访问其网站。

8）不要注册其他公司拥有的独特商标名和国际知名企业的商标名。如果选取其他公司独特的商标名作为自己的域名，很可能会惹上官司，特别是当注册的域名是一家国际或国内著名企业的驰名商标时。换言之，当企业挑选域名时，需要留心挑选的域名是不是其他企业的注册商标名。

9）应该尽量避免被 CGI 脚本程序或其他动态页面产生的 URL。例如，Minolta Printers 的域名是 minoltaprinters.com，但输入这个域名后，域名栏却变成"www.minoltaprinters.com/dna4/sma ... =pub-root-index.htm"，造成这种情况的原因可能是 minoltaprinters.com 是一个免费域名。这样的域名有很多缺点：第一，不符合域名是主页一部分的规则；第二，不符合网民使用域名作为浏览目标，并判断所处位置的习惯；第三，忽视了域名是站点品牌的重要组成部分。

10）注册.net 域名时要谨慎。.net 域名一般留给有网络背景的公司。虽然任何一家公司都可以注册，但这极容易引起混淆，使访问者误认为访问的是一家具有网络背景的公司。企业防止他人抢注造成损失的一个解决办法是，对.net 域名进行预防性注册，但不用作为企业的正规域名。

国内的一些企业包括某些知名公司选择了以.net 结尾的域名，如一些免费邮件提供商——371.net、163.net 等。而国外提供与此服务相近的在线服务公司则普遍选择以.com 结尾的域名。

子任务 2　申请网站空间

网站空间是用于在网络上存储网站文件及数据的磁盘空间，同时网络用户可以通过网络远程访问该空间内的文件和数据。

网站空间可以在个人购买的服务器上搭建，并接入网络以向网络客户提供服务，这样的购置成本和后期运行、管理成本较大，但自由度也较大，大型企业或网站一般采用这种方式。

一般中小型网站都选择在空间服务商提供的网站空间内搭建网站，对于网站的建设及维护的要求都比较低。下面以中国万网的空间申请为例，讲解如何申请网站空间。

步骤

步骤 1　输入中国万网网址"http://www.net.cn/"，打开网页后选择"主机服务"部分，如图 11-26 所示。

图 11-26　网站空间申请的主页面

步骤 2　万网主机服务分为独享云虚拟主机、海外云虚拟主机、轻量应用服务器三大类，其中独享云虚拟主机是面向一般中小型网站的主要类型。单击 "独享云虚拟主机"，进入虚拟主机申请的主页面，如图 11-27 所示。

图 11-27　虚拟主机申请的主页面

步骤 3　万网按独享云虚拟主机性能的不同，将虚拟主机分为基础版、标准版、高级版及豪华版等类别，其中标准版是面向一般中小型网站的空间类型。单击网页中的"产品参数"，显示各类型主机的参数列表，如图 11-28 所示。

图 11-28　"独享虚拟主机"的参数列表

步骤 4　单击"立即购买"按钮，进入空间申请的第一步，如图 11-29 所示。

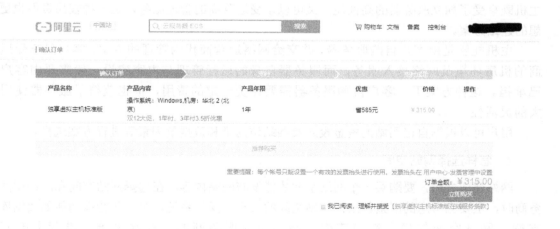

图 11-29 选择购买年限及价格空间信息

步骤 5 选择年限为 1 年后，单击"立即购买"按钮，进入空间申请的第二步，如图 11-30 所示。

图 11-30 最后的确认

步骤 6 确认信息无误后，单击"立即购买"按钮。

至此，空间申请操作已经完成。然后可以从万网提供的多种付款方式中，选择一种进行付款，即可开通该空间。开通后使用注册的数字 ID 和密码登录万网空间管理平台进行管理操作。付款过程及域名解析的设置过程因网站而异，一般可以联系网站客服获取帮助，此处不再详述。

知识点详解

1. 什么是网站空间

从广义角度讲，网站空间就是在网络环境中可以用于存储网站数据，并向网络用户提供远程网站数据访问的服务器及其存储空间。在一般的网站建设方案中，网站空间有三种选择方案，即虚拟主机、独享主机和主机托管。

虚拟主机就是把一台运行在互联网上的服务器划分成多个"虚拟"的服务器，每一个虚拟主机都具有独立的域名和完整的 Internet 服务器（支持 WWW、FTP、E-mail 等）功能。一台服务器上的不同虚拟主机是各自独立的，并由用户自行管理。但一台服务器主机只能够支持一定数量的虚拟主机，当超过这个数量时，用户将会感到性能急剧下降。

因为当前虚拟主机的应用非常广泛，因此，现在一般将网站空间作为虚拟主机的代名词，也即狭义上的网站空间。

虚拟主机技术是互联网服务器采用的节省服务器硬件成本的技术，虚拟主机技术主要应用于 HTTP 服务，将一台服务器的某项或者全部服务内容逻辑划分为多个服务单位，对外表现为多个服务器，从而充分利用服务器硬件资源。如果划分是系统级别的，则称为虚拟服务器。

独享主机是由空间运营商提供一台独立的 Internet 服务器，供一家客户独享，同时运营商也提供对服务器运行过程的监控、管理与维护服务，客户只需关心其网站内容建设。独享主机既享受了独立服务器的高性能，又可以享受运营商的管理服务，是一种较昂贵但也更理想的建站方案。

主机托管是由客户自购服务器，并交给网络运营商代为管理的方案。客户只享受运营商的机房环境及网络接入服务，而服务器自身的运行管理与内容建设一般需要由客户自己承担。这种方案下，客户自购服务器需要花费一定的费用，但也获得了服务器使用最大的灵活性。

用户可以根据自己网站的资金投入及网站访问量和数据量因素等进行方案选择。

2. 怎样选择网站空间

网站建成之后，要购买一个网站空间才能发布网站内容，在选择网站空间和网站空间服务商时，主要应考虑的因素包括：网站空间的大小、操作系统、对一些特殊功能如数据库的支持、网站空间的稳定性和速度、网站空间服务商的专业水平等。推荐中国万网（http://www.net.cn）、中国新网（http://www.xinnet.cn）等服务商。下面是一些通常需要考虑的内容：

1）网站空间服务商的专业水平和服务质量。这是选择网站空间的第一要素，如果选择了质量比较低下的空间服务商，很可能会在网站运营中遇到各种问题，甚至经常出现网站无法正常访问的情况，或者遇到问题时很难及时解决，这样都会严重影响网络营销工作的开展。

2）虚拟主机的网络空间大小、操作系统、对一些特殊功能如数据库等是否支持。可根据网站程序所占用的空间，以及预计以后运营中所增加的空间来选择虚拟主机的空间大小，应该留有足够的余量，以免影响网站正常运行。一般来说，虚拟主机空间越大价格也相应较高，因此需在一定范围内权衡，也没有必要购买过大的空间。

虚拟主机可能有多种不同的配置，如操作系统和数据库配置等，需要根据自己网站的功能来进行选择。如一般 ASP 网站要求虚拟主机提供 ASP 语言及 Access 数据库支持；数据量大的网站要求 SQL Server 数据库支持；使用.NET 开发的网站则要求主机支持.NET 框架。另外，如果是 JSP 或 PHP 等语言开发的网站，或者是 MySQL 数据库，则最好运行于 UNIX 主机中，其性能和安全性更好。

此外，如果可能，最好在网站开发之前就先了解一下虚拟主机产品的情况，以免在网站开发之后找不到合适的虚拟主机提供商。

3）网站空间的稳定性和速度等。这些因素都影响网站的正常运作，需要有一定的了解，如果可能，在正式购买之前，先了解一下同一台服务器上其他网站的运行情况。

4）经营资格、机房线路和位置。南方和西部一般建议选择电信，北方则可以考虑联通机房。中部地区不妨考虑双线托管或主机，可以支持南北客户互访，速度不受限制。

5）虚拟主机上架设的网站数量。通常一个虚拟主机能够架设上百甚至上千个网站。如果一个虚拟主机的网站数量很多，就应该拥有更多的 CPU 和内存，并且使用服务器阵列，否则会造成网站在虚拟主机上的访问速度受限。所以，最好的办法就是寻找一家有信誉的大虚拟主机提供商，他们的每个虚拟主机服务器有网站承载个数限制，以保证每个网站的性能。当然，如果对网站有很高的速度和控制要求，最终的解决方案就是购买独立的自己的服务器。

6）网站空间的价格。现在提供网站空间服务的服务商很多，质量和服务也千差万别，价格同样有很大差异，一般来说，著名的大型服务商的虚拟主机产品价格要贵一些，而一些小型公司可能价格比较便宜，可根据网站的重要程度来决定选择哪种层次的虚拟主机提供商。选有《中华人民共和国增值电信业务经营许可证》的服务商更放心。

7）网站空间出现问题后主机托管服务商的响应速度和处理速度。如果这个网站空间商有全国的 800 免费服务电话，那么对空间质量也许会增加几分信任。

子任务 3 发布网站到网站空间

网站开发完成后，必须发布到网站空间后才能被大众访问。一般网站空间均提供 FTP 地址以及上传用户名和密码，可以使用 FTP 软件进行网站文件的发布。

Dreamweaver CC 也提供了连接 FTP 服务器，并发布网站的功能，操作步骤如下：

步骤

步骤 1 在 Dreamweaver CC 界面中，打开菜单项"站点"→"管理站点"，弹出如图 11-31 所示的"管理站点"对话框。

步骤 2 从"您的站点"列表中选择当前站点的名称，双击站点打开设置对话框，然后打开"服务器"组，并在右边列表中添加一个新的服务器，如图 11-32 所示。

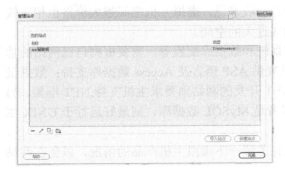

图 11-31 "管理站点"对话框   图 11-32 定义远程服务器信息

步骤 3 设置服务器的"基本"参数，依次输入如下信息（见图 11-33）。

> "服务器名称"：为新服务器指定一个名称，如"万网服务器"。

> "连接方法"：选择 FTP 方式，这是一般网站空间使用的登录方式。

> "FTP 地址"：输入远程服务器的完整 FTP 主机名或 IP 地址，注意不要带任何主机名外的任何其他文本，如"FTP://"等。

图 11-33 远程服务器信息设置

> "端口"：一般 FTP 端口号为 21，如服务器有特殊要求，可按实际要求输入。

> "用户名"：按 FTP 服务器管理要求，输入用于连接到服务器的登录用户名。

> "密码"：输入用于连接到 FTP 服务器的密码。

> "保存"：勾选该复选框后，可以将输入的密码保存在 Dreamweaver 中，以方便下次使用，否则每次连接到 FTP 服务器时都会提示输入密码。

> "根目录"：输入在远程站点上的主机目录，即 FTP 空间中存放网站文件的目录，如需要存放在 FTP 空间的根目录，则留空。

> "Web URL"：用于访问服务器上根目录的 URL 地址。

再设置服务器的"高级"参数，依次设置如下信息。

> "维护同步信息"：勾选该复选框后，Dreamweaver 将自动监测本地文件与 FTP 空间文件的更新信息，并对新旧文件的覆盖给出提示。一般建议勾选。

> "保存时自动将文件上传到服务器"：勾选该复选框后，每次在本地保存文件，都会自动将更新后的本地文件上传到 FTP 空间，并覆盖 FTP 空间中的旧文件。一般可不勾选。

> "启用文件取出功能"：勾选该复选框后，将启用存回和取出系统，可以在多人同时编辑网站文件时，避免多人同时编辑同一文件而导致的数据丢失；单人工作时不需要勾选。

注意

　　FTP 服务器的大部分信息在申请空间时服务器提供商会提供，其他选项可以询问服务器提供商是否需要填写。

　　步骤 4　单击"保存"按钮，保存设置。勾选新创建的服务器后面的"远程"复选框，以启用该远程服务器。再次单击"保存"按钮。之后，就可以在"文件"面板中，选择站点的本地根文件夹，然后单击图标按钮⇪，Dreamweaver 会将所有文件上传到 FTP 空间指定的远程文件夹，如图 11-34 所示。

　　步骤 5　上传过程中将会显示如图 11-35 所示的进度条。等待上传完成后，即可使用前面申请的域名加网站内的文件名访问该网站了。至此，网站上传操作已经全部完成。

图 11-34　上传文件到服务器

图 11-35　上传进度条

任务四　使用 Dreamweaver CC 维护远程网站

　　在网站发布并运行后，还可以通过 Dreamweaver 登录 FTP 空间，进行远程修改和维护。同时，Dreamweaver 也提供"存回和取出"机制，可以实现多人合作共同维护同一网站，而又不会引起文件共享冲突。

_步骤_

　　步骤 1　在 Dreamweaver CC 界面中，执行菜单项"站点"→"管理站点"，并选择左侧的"服务器"，双击右侧列表中的服务器，然后勾选"高级"中的"启用文件取出功能"复选框，如图 11-36 所示。

　　步骤 2　勾选"打开文件之前取出"复选框，并在下面的"取出名称"及"电子邮件地址"文本框中分别输入当前网站维护人员的名称及邮件地址。完成后单击"确定"按钮即可启用存回和取出机制，如图 11-37 所示。

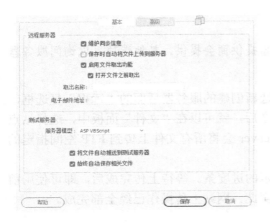
图 11-36 启用存回和取出

图 11-37 完成启用存回和取出

步骤 3 在"文件"面板中，（取出）图标按钮与（存回）图标按钮变为可用。如果想要编辑文件"index.asp"，则选中该文件，并单击（取出）图标按钮，则当前编辑人员将独占该文件，其他编辑人员将不能同时编辑该文件。同时对应文件名前面将出现✔标志，表示该文件已经取出。

步骤 4 取出文件后，就可以对该文件进行编辑了。完成编辑后，应当再次选择该文件，并单击（存回）图标按钮，释放该文件，使其他人可以取出并编辑该文件。

学 材 小 结

理论知识

1）顶级域名分为两类：一是国家或地区顶级域名，如中国是_____，美国是_____；二是国际顶级域名，如表示工商企业的_____，表示网络提供商的_____等。

2）网站空间一般有三种选择方案，即虚拟主机、_____和_____。

3）ASP 网站与.NET 网站要求虚拟主机的操作系统为_____系列操作系统；_____等语言开发的网站，或者是_____数据库，可以运行于 UNIX 系统主机中。

4）如果要将远程服务器中的网站全部复制到本地，更新本地的旧文件，且删除本地多余的文件，则可以选同步方向为_____，并勾选_____。

实训任务

实训 发布网站到网站空间
【实训目的】
掌握用 Dreamweaver 连接并发布网站到 FTP 服务器的方法。

【实训内容】

假设现在已申请的网站空间地址为 58.30.17.*，用户名为 username，密码为 123456，要求使用 Dreamweaver 连接到服务器，并发布网站到空间根目录下的 webroot 目录中。填写并完成下面的实训任务步骤。

【实训步骤】

步骤 1 在 Dreamweaver CC 界面中，选择菜单项"站点"→_____，弹出如图 11-38 所示的对话框。

步骤 2 从"您的站点"列表中选择当前站点的名称，双击站点打开设置对话框，然后打开"服务器"组，并在右边列表中_____，如图 11-39 所示。

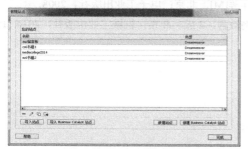

图 11-38 "管理站点"对话框

图 11-39 定义远程服务器信息

步骤 3 在"基本"参数的"连接方法"中选择_____项，然后依次输入如下信息。

➤ "FTP 地址"中输入_____。

➤ "根目录"中输入_____。

➤ "密码"中输入_____。

➤ "用户名"中输入_____。

➤ "保存"：勾选该复选框，将输入的密码保存在 Dreamweaver 中，以方便下次使用。

在"高级"参数中设置如下信息。

➤ "维护同步信息"：勾选该复选框，Dreamweaver 将自动监测本地文件与 FTP 空间文件的更新信息，并对新旧文件的覆盖给出提示。

➤ "保存时自动将文件上传到服务器"：勾选该复选框，每次在本地保存文件，都会自动将更新后的本地文件上传到 FTP 空间，并覆盖 FTP 空间中的旧文件。

➤ "启用文件取出功能"：勾选该复选框，将启用_____，可以在多人同时编辑网站文件时，避免多人同时编辑同一文件而导致数据丢失。

步骤 4 单击"保存"按钮，保存设置。在"文件"面板中，选择_____，然后单击图标按钮⬆，Dreamweaver 会将相关文件上传到 FTP 空间。

拓展练习

1）几个人一组，利用 Dreamweaver 的存回/取出机制，共同制作并维护一个 FTP 服务器上的网站，注意在制作初期对网站结构的设计和对共用文件的约定。

2）寻找一个提供免费网站空间及域名的服务商，申请一个免费的空间及域名，然后将自己的网站上传到空间中，由其他人进行浏览和评论。

参 考 文 献

[1] 何海霞，陶琳. Dreamweaver CS3 完美网页设计白金案例篇[M]. 北京：中国电力出版社，2008.

[2] 朱长利，彭宗勤，陈慧敏. Dreamweaver 8 中文版职业应用视频教程[M]. 北京：电子工业出版社，2007.

[3] 高志清. Dreamweaver 网站设计零点飞跃[M]. 北京：中国水利水电出版社，2004.

[4] 郭娜. Dreamweaver CS3 流行网站实例精讲[M]. 北京：中国青年出版社，中国青年电子出版社，2010.

[5] 缪亮，彭宗勤. Dreamweaver 网页制作使用教程[M]. 北京：清华大学出版社，2008.

[6] 孙东梅. Dreamweaver CS3 网页设计与网站建设详解[M]. 北京：电子工业出版社，2008.

[7] 王春红，王瑾瑜. Dreamweaver CS6 网页设计案例教程. 2 版. 北京：机械工业出版社，2014.11.